Vorwort

In diesem Buch werden die grundlegenden Begriffe und Standardmethoden der Messung technischer Prozeßgrößen mit elektrischem Ausgangssignal behandelt. Vor allem in der Industrie hat diese Meßtechnik in den letzten Jahrzehnten eine sehr breite Anwendung gefunden. Die Zahl der Methoden ist groß, die der Anwendung kaum übersehbar. Wir haben bei der Stoffauswahl Verfahren von wirtschaftlicher Bedeutung bevorzugt. Besonders eingehend sind entsprechend ihrer Bedeutung in der Verfahrensindustrie die Temperatur- und die Durchflußmessung behandelt. Viel Raum ist auch der Wegmessung als grundlegender Methode gewidmet. Geschwindigkeits-, Kraft- und Zeitmessung werden kürzer dargeboten; eine Einführung in die wichtigsten Verfahren der Kernstrahlungsmessung wird am Schluß gegeben. In einiger Zeit soll ein Band II folgen, der die wichtigsten physikalischen Analysenverfahren zum Gegenstand hat.

Über den Gegenstand des Buches gibt es eine Reihe von ausgezeichneten Handbüchern und Monographien, die die in langen Jahren gewonnenen Erfahrungen und Kunstgriffe bei den Meßverfahren und die Funktion und Konstruktion der neuesten Meßgeräte schildern. Diese Informationen sind notwendig, wenn bestimmte Aufgaben nach dem letzten Stand der Erkenntnis gelöst werden sollen.

Wir haben in dem vorliegenden Lehrbuch eine andere Darstellungsweise gewählt. Selbstverständlich werden auch hier die bekannten Methoden behandelt. Wir haben dabei aber in erster Linie versucht, das jeweilige Prinzip deutlich herauszuarbeiten und gleichzeitig in den Stoff der Grundlagenvorlesungen einzubinden. Dafür gibt es folgende Gründe:

Der größte Teil des Stoffes wird von den Studierenden der Elektrotechnik an der Universität Karlsruhe bereits im 5. Semester gehört. Dementsprechend kommt die vorliegende Darstellung mit einem Minimum an fachspezifischem Tatsachenwissen aus. Zum anderen wird der Stoff der Grundlagenvorlesungen zwar bereitwillig "gelernt", die Mehrzahl der

Studierenden versteht jedoch kaum, diese Kenntnisse sicher anzuwenden.
Wir hoffen, daß es uns wenigstens an einigen Stellen gelungen ist, zu
zeigen, wie man mit diesen Grundkenntnissen eine unbekannte Anordnung
in ihrer Wirkungsweise verstehen und von vornherein Aussagen über die
wesentlichen Eigenschaften machen kann.

Im Buch wird viel gerechnet und abgeschätzt. Die Wahl der mathematischen Hilfsmittel orientiert sich an dem Stoff der Grundlagenvorlesungen. Daher müßten auch die Studenten der Fachhochschulen mit dem Buch
arbeiten können. Selbstverständlich sollen die mathematischen Beziehungen nicht "gelernt" werden; das Wesentliche ist vielmehr die Übung des
technisch-naturwissenschaftlichen Denkens, wozu das Buch vielleicht
anregen kann. Die Meßtechnik ist und bleibt eine weitgehend empirische
Technik, die sich besser üben als in einer Vorlesung lernen läßt. Ohne
klare Vorstellungen über Wirkungsabläufe und die Zusammenhänge vieler
Parameter, die allein die Theorie gibt, entartet sie aber leicht zur
kostspieligen und aufwendigen Bastelei.

Für Hinweise auf Fehler und für Anregungen zu Verbesserungen sind wir
dankbar.

Für die Hilfe beim Lesen der Korrektur und die Erstellung der Druckun-
terlagen sind wir den Damen Helgard Barakat, Mareene Nold und Francoise
Trilling zu Dank verpflichtet. Dem Verlag danken wir für manchen ein-
schlägigen Rat und die zügige Abwicklung.

Karlsruhe, im Januar 1974

                                        H. Kronmüller
                                        F. Barakat

Inhaltsverzeichnis

1. Einführung

    1.1 Aufgaben der Prozeßmeßtechnik 1
    1.2 Die Instrumentierung von Prozessen 2
    1.3 Allgemeine Begriffe 5

2. Weg- und Winkelmessung

    2.1 Die Länge 8
    2.2 Widerstandsgeber 9
    2.3 Induktive Geber 12
    2.4 Transformatorgeber 15
        2.4.1 Drehmelder 16
        2.4.2 Differentialtransformator 18
    2.5 Kapazitive Geber 22
        2.5.1 Geber mit veränderlichem Elektrodenabstand 22
        2.5.2 Geber mit veränderlicher Fläche 24
        2.5.3 Kapazitive Weggeber mit verschiebbaren Dielektrika . 25
        2.5.4 Die Verarbeitung der Signale aus kapazitiven Gebern 27
    2.6 Dehndrähte und Dehnmeßstreifen 28

3. Kraftmessung

    3.1 Physikalische Grundlagen 36
    3.2 Federn 37
    3.3 Feder und Weggeber als Kraftmesser 41
        3.3.1 Das Zusammenwirken von Federn und Weggebern 41
        3.3.2 Beispiele von Kraftmessern 44
        3.3.3 Einbaumaßnahmen für Kraftmesser 45
    3.4 Piezoelektrische Geber 47

4. Druck- und Niveaumessung

    4.1 Grundlagen und Einheiten 53
    4.2 Technische Druckmeßgeräte 57
        4.2.1 Tauchglockenmeßzelle 57
        4.2.2 Membranzellen 59
        4.2.3 Bourdonfeder 64
        4.2.4 Kolbenmanometer 66
        4.2.5 Differenzdruckmeßzellen 67
    4.3 Niveau- und Flüssigkeitsstandmessung 75
        4.3.1 Messung mit Schwimmer 75

4.3.2 Verdrängungskörper 75
4.3.3 Hydrostatische Methode 76
4.3.4 Kapazitive Methode 77
      4.3.4.1 Kapazitive Niveaumessung nichtleitender
              Flüssigkeiten 77
      4.3.4.2 Kapazitive Niveaumessung elektrisch
              leitender Flüssigkeiten 78
      4.3.4.3 Meßschaltung 79

5. Durchflußmessung

5.1 Grundbegriffe aus der Strömungstechnik 80
5.2 Durchflußmessung mit Drosselgeräten 92
5.3 Indukiive Durchflußmessung 99
5.4 Turbinenmesser 105
5.5 Volumenmesser 110

6. Temperaturmessung

6.1 Temperatur und Wärmeübergang 113
6.2 Berührungsthermometer 116
    6.2.1 Wärmeübertragung durch Leitung und Konvektion
          bei Berührungsthermometern 116
    6.2.2 Kennwerte für das Zeitverhalten von
          Berührungsthermometern 125
    6.2.3 Temperaturfühler mit elektrischem Ausgangssignal ... 128
          6.2.3.1 Physikalische Grundlagen.................. 128
          6.2.3.2 Widerstandsthermometer 134
          6.2.3.3 Thermoelemente 139
6.3 Temperaturmessung mit Strahlungsthermometern (Pyrometern) 146
    6.3.1 Physikalische Grundlagen und Begriffe der
          Wärmestrahlung 146
          6.3.1.1 Das Kirchhoffsche Gesetz 149
          6.3.1.2 Das Plancksche Strahlungsgesetz 151
          6.3.1.3 Das Wiensche Verschiebungsgesetz und das
                  Stefan-Boltzmannsche Gesetz 156
    6.3.2 Strahlungspyrometer 157

7. Zeitmessung

7.1 Grundbegriffe und Einheiten 165
7.2 Mechanische Zeitnormale 166
    7.2.1 Mechanische Uhren 166
    7.2.2 Quarzuhren 167
7.3 Synchronuhren 168
7.4 Elektrische Vergleichsvorgänge 169

8. Geschwindigkeits- und Drehzahlmessung

8.1 Grundbegriffe 172
8.2 Geschwindigkeitsmessung als Frequenzmessung 173
8.3 Induktive Geber 174
    8.3.1 Gleichstrommaschine als Tachodynamo 174
    8.3.2 Unipolarmaschine und Wirbelstromtachometer 176
          8.3.2.1 Die Unipolarmaschine 176
          8.3.2.2 Das Wirbelstromtachometer 179

8.4 Geschwindigkeitsmessung durch Differenzieren 183

9. Messung radioaktiver Strahlung

9.1 Physikalische Grundlagen 185
9.2 Ionisationskammern und Zählrohre 187
    9.2.1 Ionisationsakkmern 188
          9.2.1.1 Stromkammern 188
          9.2.1.2 Impulskammern 191
    9.2.2 Proportional-Zählrohr............................. 193
    9.2.3 Geiger-Müller-Zählrohr 195
9.3 Kristallzähler 196

Literaturverzeichnis 199

Sachverzeichnis 201

1. Einführung

1.1 Aufgaben der Prozeßmeßtechnik

Die Naturwissenschaft der Neuzeit ist ohne Meßtechnik nicht denkbar.
Beobachtungen, Ansichten und in sich logisch aufgebaute Hypothesen
sind in der Naturwissenschaft zunächst wertlos. Die Methodik der
Naturwissenschaft sieht gezielte Fragen an die Natur vor, die in
Form von Experimenten gestellt werden. Der Verlauf des Experimentes
gibt auf die Fragen eine Antwort, die jedoch nur in Form objektiv
gewonnener, reproduzierbarer Daten akzeptiert wird. Das Erfassen dieser Daten ist die Aufgabe der Meßtechnik. Oft brachte in der Vergangenheit ein Fortschritt in der Meßtechnik neue wissenschaftliche Erkenntnisse und damit den Anstoß für neue Theorien; manchmal wurde
auch mit Hilfe eines verfeinerten und verbesserten Meßverfahrens eine
wissenschaftliche Hypothese zur gesicherten Theorie. Diese Richtung
der Meßtechnik bezeichnet man als wissenschaftliche Meßtechnik.

In den letzten Jahrzehnten ist eine neue, anders orientierte Richtung der Meßtechnik entstanden, die manchmal als industrielle Meßtechnik bezeichnet wird. Sie ist in den Bedürfnissen und Erforder-
nissen unserer hochindustrialisierten, arbeitsteiligen Welt begrün-
det, sehr viele verschiedene Leistungen, auch Teilleistungen jeder
Produktionsstufe, objektiv festzulegen und zu beschreiben. Diese neue
Meßtechnik hat sich so rasch verbreitet, daß ihre wirtschaftliche
Bedeutung jetzt einige Größenordnungen über der der wissenschaftli-
chen Meßtechnik liegt.

Die wichtigsten Aufgaben der industriellen Meßtechnik sind:

1. Überprüfung der Qualität und Quantität von Stoffen, Energien und
   Informationen überall dort, wo diese geliefert, übergeben oder
   verkauft werden.

2. Sicherung eines Prozeßablaufes durch Überprüfung der Quantität
   und Qualität der beteiligten Stoffe auf den verschiedenen Pro-

duktionsstufen. Gegebenenfalls korrigierender Eingriff in den
Prozeßablauf, um die gewünschten Eigenschaften des Produktes und
eine größtmögliche Wirtschaftlichkeit zu gewährleisten.

In wirtschaftlich bedeutenden und technisch gut durchforschten
Prozessen übernimmt ein Prozeßrechner die Prozeßführung.

3. Überwachung von Systemen durch Lieferung aller notwendigen Informationen, die den Zustand dieser Systeme kennzeichnen. Ziel der
   Überwachung ist der Schutz der Betriebsanlagen vor Beschädigungen,
   die Erhaltung der inneren Betriebssicherheit und der Umweltschutz.

Da sich alle diese Aufgaben in irgendeiner Weise auf Prozesse bezie-
hen, bezeichnen wir diese und ähnliche Gebiete der industriellen
Meßtechnik als Prozeßmeßtechnik. Der Begriff "Prozeß" soll dabei
nicht zu eng gefaßt werden. Unter einem Prozeß verstehen wir alle
Vorgänge in einem System, in dem Stoffe, Energien und Informationen
transportiert, umgeformt und in irgendeiner Weise verarbeitet werden.

1.2 Die Instrumentierung von Prozessen

Die Prozeßmeßtechnik ist vorwiegend eine elektrische Meßtechnik.
"Elektrisch" bedeutet hier, daß die Meßeinrichtung ein elektrisches
Ausgangssignal liefert oder ohne zusätzliche Maßnahmen liefern kann.
Von wenigen Ausnahmefällen abgesehen, heißt das, daß zur Messung
elektrische Hilfsenergie vorhanden sein muß, um überhaupt ein Signal
zu erhalten. In einigen Zweigen der Industrie wird zum Teil mit anderen Hilfsenergien gearbeitet.

In der chemischen Industrie sind Geräte, die mit Druckluft betrieben
werden, weit verbreitet. Die pneumatische Technik verspricht einen
natürlichen Explosionsschutz, außerdem sind die Geräte durch die
Druckluftspülung den Angriffen korrosiver Gase nur in geringem Maß
ausgesetzt. Viele Werkzeugmaschinen arbeiten mit hydraulischen Systemen. Äußerst kurze Anzeigeverzögerungen und die Möglichkeit, mit
wenig Aufwand hohe Stellkräfte zu erzeugen, sind hier die Vorteile.

Viele Messungen werden seit alters ohne Hilfsenergie mit wenig Aufwand
und mit erstaunlich kleinen Fehlern durchgeführt. So erfaßt z.B. eine
normale Handelswaage die zu bestimmende Masse mit einem relativen Fehler von weniger als 10^{-3}. Elektrische Meßeinrichtungen erzielen solche Ergebnisse nur mit einigem Aufwand. Trotzdem sind elektrische
Meßgeräte so weit verbreitet, denn sie bieten gegenüber konventio-
nellen Meßgeräten erhebliche Vorteile. Elektrische Signale lassen

sich leicht über große Entfernungen hinweg übertragen und können auf unterschiedlichste Weise verarbeitet werden. Fernübertragung und Meßwertverarbeitung sind nicht die einzigen Gründe. Manche Meßgrößen können nur mit elektrischen Meßgeräten ohne umständliche Laborarbeit erfaßt werden. Ein Beispiel dafür ist etwa die pH-Messung. In einigen Fällen sind elektrische Meßeinrichtungen kleiner und handlicher als konventionelle Geräte. Eine elektronische Wägeanlage für große Massen z.B. beansprucht weniger Raum als eine übliche Tafelwaage. Manchmal ist bei elektrischen Geräten die Wirkung auf das Meßobjekt geringer. Ein induktiver Durchflußmesser beeinflußt den Flüssigkeitsstrom in Rohren kaum, ein mechanischer Verdrängungsmesser kann dagegen nur flüssige Meßstoffe ohne Feststoffe verarbeiten.

Der entscheidende Vorteil liegt aber in der Fernübertragung und der flexiblen Meßwertverarbeitung. Die Meßstellen liegen nämlich oft an Orten, die dem Menschen nicht zuträglich sind. In weitläufigen Systemen müssen alle wesentlichen Signale zu einem Ort geleitet werden, wo sie weiterverarbeitet werden und von dem aus die Anlage überwacht und der Prozeß geführt wird. Dieser Raum ist die Warte (Bild 1.1).

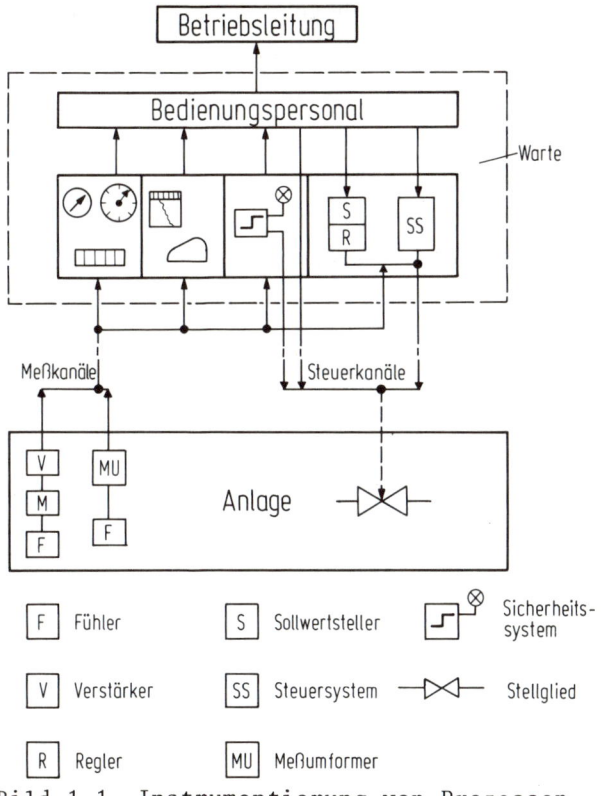

Bild 1.1. Instrumentierung von Prozessen

Die elektrischen Meßsignale werden auf verschiedene Weise ausgewertet
oder weiterverarbeitet:

1. Anzeige

Die wichtigsten Signale für den Betrieb werden laufend angezeigt.
Dies geschieht mit elektrischen Anzeigeinstrumenten, mit Digitalan-
zeigen, die z.B. von einem Prozeßrechner gesteuert werden, oder mit
Großanzeigen, die von einem Servomotor angetrieben werden.

2. Meßwertverarbeitung

Unter diesem Begriff werden verschiedene Arten der Signalverarbeitung
zusammengefaßt.

Viele Daten werden gespeichert. Dies geschieht zur Unterstützung der
laufenden Prozeßführung durch Registrieren (Schreiber). Für die Be-
triebsleitung müssen Betriebsprotokolle geliefert werden; die geforderten Daten werden entweder von Hand eingetragen oder von einem
Rechner gedruckt. Bei Unfällen und Störungen im Betrieb sollte der
Vorgang rekonstruiert werden können. Dies kann mit einer großen Zahl
von Diagrammen geschehen, welche die Schreiber laufend produzieren,
oder aber auch mit einer großen gespeicherten Datenmenge im Prozeßrechner, die auf Abruf ausgedruckt werden kann.

Die Daten werden auch für die Erstellung von Stoff- und Energiebilanzen benötigt, die der Beurteilung des Betriebs und des Zustandes der
Anlage und der Verrechnung dienen.

Die Werte der wichtigsten Meßgrößen werden in Sicherheitssystemen,
die die Anlagen vor Schäden bewahren sollen, laufend überwacht. Wenn
vorgegebene Grenzwerte überschritten werden, werden vom Sicherheits-
system optische und akustische Alarmsignale ausgelöst oder die Anlage wird selbsttätig abgeschaltet. Diese Aufgaben werden aus Sicher-
heitsgründen meist von fest verdrahteten Steueranlagen, in einigen
Fällen auch von Prozeßrechnern übernommen.

3. Prozeßführung

Mit Hilfe der Regel- und Steuertechnik läuft der Betrieb in den Anlagen der Verfahrensindustrie weitgehend selbsttätig ab. Die Meßsignale werden in Einzelreglern, in festverdrahteten Steuerschaltungen
oder auch im Prozeßrechner verarbeitet. Eingriffe des Personals
sind nur bei größeren Störungen, beim An- und Abfahren und eventuell
bei Optimierungsaufgaben notwendig.

1.3 Allgemeine Begriffe

Die Prozeßmeßtechnik umfaßt neben dem Messen das Umformen und Übertragen von Meßsignalen. Beginnend bei der Meßgröße wird das Signal in
mehreren Stufen in ein elektrisches Signal umgesetzt. Wir sprechen
von einem Meßkanal oder einer Meßkette. Bild 1.1 zeigt Meßkanäle und
die typische Verarbeitung der Signale in großen Industrieanlagen.
Die Meßkanäle sind in der Warte oft verzweigt; das Signal einer Meßgröße wird auf verschiedene Weise weiterverarbeitet.

Der Begriff "Umformer" oder "Umformung" ist mit der Prozeßmeßtechnik
eng verbunden. Dabei handelt es sich um einen eindeutigen, reprodu-
zierbaren Zusammenhang zwischen der Eingangs- und Ausgangsgröße.

Der Begriff "Umformung" wird in der Prozeßmeßtechnik nicht so streng
gehandhabt, wie etwa bei der Energieumformung, wo an den Energieerhaltungssatz gedacht wird.

Auch in anderen Zweigen der Meßtechnik sind solche Umformungen gebräuchlich, ohne daß sie besonders hervorgehoben werden. Bei der Volumenmessung mit einem Hohlmaß wird z.B. der Zusammenhang zwischen
Volumen und Niveau der abzumessenden Flüssigkeit dazu benutzt, die
Volumenmessung auf eine Längenmessung des Flüssigkeitsstandes auf
dem Strichmaßstab zurückzuführen.

Betrachtet man die Funktion eines Meßgerätes genauer, wird man viele
solcher Umformungen entdecken. Den gesamten Signalverlauf einer Meßeinrichtung kann man in einem Wirkungsschema, das aus einzelnen Über-
tragungs- oder Umformungsgliedern besteht, aufzeichnen. Das ergibt
die Darstellung des Meßkanals oder der Meßkette. Wie fein die Unter-
teilung der Glieder getrieben wird, hängt vom jeweiligen Zweck ab.

Die Darstellung des Wirkungsablaufes heißt nicht etwa, Meßgeräte in
ihre Einzelteile zu zerlegen. Der Meßkanal gibt den Signalwandel nur
in abstrakter Darstellung durch die einzelnen Übertragungsglieder an.
Sicher haben die einzelnen Übertragungsglieder irgendwo in der Meßeinrichtung ihren räumlichen und körperlichen Sitz, umgekehrt aber
ist manchmal ein Bauteil der Sitz mehrerer Übertragungsglieder. Dazu
ein Beispiel: Eine Membran in einem Druckmesser "formt" einen Druck p
in eine Kraft F um, die Kraft F wiederum wird durch eine Feder in
den Meßausschlag umgesetzt (Bild 1.2). Im Plattenfedermanometer ist
in der federelastischen Metallmembran die Funktion der Membran und
der Meßfeder in einem Bauelement vereinigt.

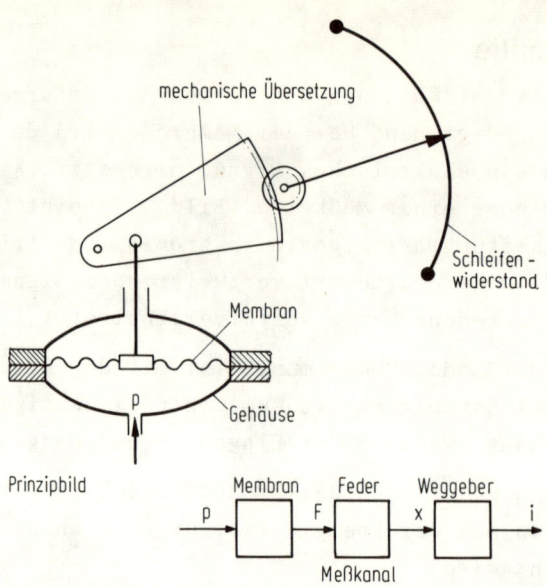

mechanische Übersetzung

Schleifen-
widerstand

Membran

p

Gehäuse

Prinzipbild

Membran	Feder	Weggeber

p → F → x → i

Meßkanal

Bild 1.2. Plattenfedermanometer

In der Prozeßmeßtechnik empfiehlt sich für eine grobe Einteilung der Übertragungsglieder eines Meßkanals folgende Gliederung:

1. Fühler oder Geber
    Einem Fühler oder Geber wird die Meßgröße zugeleitet. Er wandelt die Meßgröße in ein elektrisches Signal um.

2. Meßschaltung
    In einigen Fällen wird das elektrische Signal in einer Meßschaltung in ein zur weiteren Verarbeitung geeignetes anderes elektrisches Signal umgeformt. Z.B. wird die Änderung eines elektrischen Widerstands in einer Widerstandsbrücke in eine elektrische Spannung umgeformt.

3. Verstärker
    In einem Verstärker wird das meist schwache Signal der Geber verstärkt und auf eine größere Leistung angehoben.

4. Meßumformer
    In den Anlagen der Verfahrensindustrie hat sich ein Einheitssignal als vorteilhaft durchgesetzt. Einrichtungen, welche die Signale der Geber verarbeiten und auf das Niveau dieses Einheitssignales bringen, heißen Meßumformer. Zum Meßumformer gehören Meßschaltung und Verstärker. Manchmal wird auch der Geber mit zum Meßumformer gezählt, insbesondere dann, wenn er mit den anderen Baugruppen gemeinsam in einem Gehäuse untergebracht ist.

Ein Anzeiger schließt im einfachsten Fall die Meßkette ab. Bei der
Fernmessung kommen noch zusätzlich Umformer in den Meßkanal, die
das analoge Einheitssignal etwa in eine Pulsfrequenz oder in einen
Pulscode und umgekehrt umsetzen. Von Fernmessung spricht man im allgemeinen bei Entfernungen von mehr als einem Kilometer.
Für Meßumformer ist in vielen Ländern, auch in Deutschland, ein Einheitssignal von 20 mA vorgeschrieben. Das Signal ist als eingeprägter Strom unabhängig vom Belastungswiderstand der Verbraucher bis
zu einem Widerstand von 600 Ohm. Widerstandsänderungen der Zuleitun-
gen infolge von Temperaturschwankungen und die Art und Zahl der an-
geschlossenen Geräte sind auf das Signal ohne Einfluß.

Die Schaltung von Meßumformern in den Kanal bringt auf den ersten
Blick zusätzlichen Aufwand. In den Anlagen der Verfahrensindustrie
mit hunderten von Meßstellen entstehen dadurch aber gewichtige Vorteile.

Der Verstärkungsaufwand muß nur einmal, und zwar im Meßumformer, geleistet werden. Nachgeschaltete Anzeiger, Rechner, Regler usw. arbeiten mit einer hohen Signaleingangsleistung.

Für Messen, Steuern, Regeln und Überwachen wird nur ein Fühler mit
einem Meßumformer benötigt. Die Signalleitung läßt sich leicht ver-
zweigen. Der größte Teil der Meßunsicherheit liegt im Geber und
Meßumformer. Justierarbeiten brauchen nur am Meßumformer durchgeführt
zu werden. Alle nachgeschalteten Geräte mit ihrem einheitlichen Eingangssignal brauchen nicht justiert zu werden, sie folgen der Justierung am Meßumformer. Einfache Rechenoperationen wie Summieren und
Subtrahieren lassen sich mit dem Signal "eingeprägter Gleichstrom"
ohne Aufwand durchführen.

Welche Meßgrößen spielen nun in der Prozeßmeßtechnik eine besonders
wichtige Rolle?

Als elementare Größe, auf deren Messung sich viele andere Meßaufga-
ben zurückführen lassen, ist der Weg zu nennen. Als Parameter von
Stoff- und Energiebilanzen, als Größen, die den Zustand der Anlagen
und den Prozeßverlauf kennzeichnen, sind Temperatur, Druck und Flüssigkeitsstand unentbehrlich. Bei der Lieferung von Mengen fester,
flüssiger oder gasförmiger Stoffe, für Bilanzen dieser Stoffe und
für die Prozeßführung ist die Wägetechnik und damit die Kraftmessung,
die Geschwindigkeits- und die Durchflußmessung notwendig.

2. Weg- und Winkelmessung

2.1 Die Länge

Eine Länge messen heißt letzten Endes zählen, wie oft eine angenommene Einheitsstrecke oder ein Bruchteil derselben auf dieser Länge abgetragen werden kann. Die international vereinbarte Einheitsstrecke ist das Meter, das ursprünglich als Bruchteil des Erdumfangs angenommen wurde und heute als das Vielfache einer Lichtwellenlänge definiert ist. (1 m = 1 650 763,73 Wellenlängen der orangeroten Linie von Krypton 86 im Vakuum.)

Für den technischen Gebrauch sind körperliche Längenmaße wie Strichmaße (Maßstäbe, Meßbänder, Schieblehren) unumgänglich. Ihre Handhabung ist einfach. Solche Maße können allerdings beschädigt oder zerstört werden, sie sind Einflüssen wie Temperaturänderungen unterworfen.

Das Längennormal der Industrie ist das Parallelendmaß, ein körperliches Längenmaß, dessen Länge durch den Abstand zweier planparalleler, polierter Oberflächen gegeben ist. Die Länge eines Parallelendmaßes läßt sich unmittelbar über Interferenzen mit dem Wellenlängennormal vergleichen.

Als Weg bezeichnet man die Länge einer Bahnkurve zwischen zwei Marken. Wegmessungen kommen in der Technik bei sehr verschiedenen Aufgaben vor. Neben Ausschlägen und Längenänderungen, die unmittelbar erfaßt werden sollen, wird die Messung vieler anderer physikalischer Größen mit Hilfe geeigneter Geber auf eine Wegmessung zurückgeführt.

Auch die Winkelmessung kann auf eine Wegmessung zurückgeführt werden, wenn die Länge des Kreisbogens bei festem Radius gemessen wird.

Ein Winkel ist als Verhältnis zweier Längen gegeben. Die Winkeleinheit, der Radiant (rad), ist als ebener Winkel definiert, der als

Zentriwinkel eines Kreises mit dem Radius 1 m aus dem Kreisbogen den
Bogen 1 m ausschneidet. Ein rechter Winkel ist der ebene Zentriwinkel
eines Kreises, zu dem ein Bogen gleich dem vierten Teil des Kreisum-
fanges gehört. Ein Grad (^{o}) ist als 90. Teil eines rechten Winkels
definiert.

2.2 Widerstandsgeber

Bei Widerstandsgebern, oft auch als Potentiometer, Widerstandsfern-
sender oder Schleifwiderstand bezeichnet, wird der Abgriff eines
elektrischen Widerstandes längs eines Leiters um den zu messenden
Weg x verschoben (Bild 2.1). Als Ausgangssignal wird der veränderliche Widerstand oder der abgegriffene Teil der angelegten Spannung
benutzt. Die Vorteile solcher Geber liegen im geringen Aufwand und
im hohen Ausgangssignal.

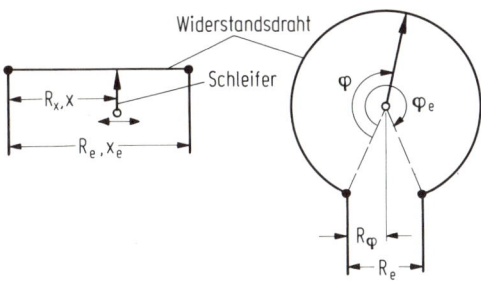

Bild 2.1. Widerstandsgeber

Im einfachsten Fall wird als elektrischer Widerstand ein Widerstandsdraht benutzt. Eine hohe Auflösung bis zu einigen 10^{-2} mm bzw.
10^{-2} Grad sind möglich. Der Widerstandsdraht darf aus mechanischen
Gründen eine bestimmte Dicke nicht unterschreiten, der volle Wi-
derstandswert R für solche Geber bleibt deshalb unter 10 Ohm. Nachteilig ist eine Veränderung des Widerstandswertes durch Verschleiß.

Die wichtigsten Potentiometer sind die gewickelten Feindrahtpotentiometer (Bild 2.2). Auf einen isolierten Körper ist ein dünner
Widerstandsdraht gewickelt, auf dem der Schleifer gleitet. Die Auflösung ist jetzt konstruktiv bedingt endlich, sie wird durch den
Widerstand einer Windung gegeben. Die Windungszahl darf nicht zu
klein gewählt werden. 500 bis 1000 Windungen sind technisch möglich
und erwünscht. Bei Feindrahtpotentiometern fällt die Widerstands-

änderung durch Abnützung kaum ins Gewicht.

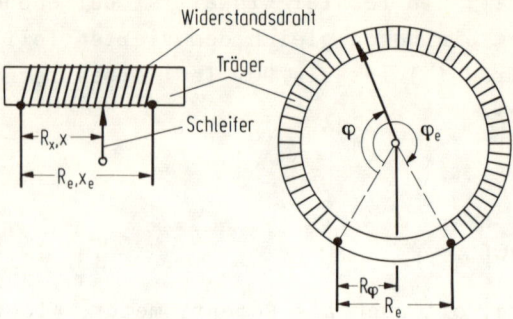

Bild 2.2. Feindrahtpotentiometer

Die schwache Stelle dieser Widerstandsgeber liegt im Kontakt zwischen
Schleifer und Widerstand. Korrosive Atmosphäre, rauhe Betriebsbedin-
gungen wie Feinstaub u. dgl. ändern den Übergangswiderstand. Der
Schleifer selbst ist dem Verschleiß unterworfen. Die Betriebsweise als
Spannungsteiler bringt den Vorteil, daß ein nicht zu stark wechselnder
Übergangswiderstand Schleifer-Widerstandsdraht keinen Meßfehler verursacht. Zwischen Schleifer und Widerstandskörper entsteht mechanische Reibung. Wenn Wege fast ohne Kraftaufwand gemessen werden sollen, ist diese Reibungskraft sehr hinderlich.

Feindrahtpotentiometer werden mit Widerstandswerten von etwa 100 Ohm
bis 100 kOhm mit Temperaturkoeffizienten von einigen 10^{-4} K^{-1} geliefert. Die Abweichung von der Linearität liegt unter 0,1% vom Endaus-
schlag (v.E.), die Auflösung bei 0,1 bis 0,5% v.E. Das Antriebsmoment
bei Winkelgebern zur Überwindung der Reibung zwischen Schleifer und
Widerstandskörper beträgt 1 bis $50 \cdot 10^{-4}$ Nm.

Weitere Bauformen sind: Wendelpotentiometer mit gesteigertem Auflö-
sungsvermögen, Funktionsgeber mit ungleich gewickeltem Widerstandsdraht oder mechanischem Funktionsgetriebe.

Für einfache Anzeigeaufgaben geschieht die Weiterverarbeitung des
Signals im Kreuzspulinstrument. Die Schaltung als Spannungsteiler
ist für alle anderen Anwendungen sehr beliebt (Bild 2.3). Die abgegriffene Spannung U darf dabei nicht zu hoch belastet werden. Mit
der angelegten Spannung U_e und dem Belastungswiderstand R_b wird die
abgegriffene Spannung U für die Abgriffsstellung x

$$U = U_e \frac{R_x}{R_x + \frac{x_e - x}{x_e} R_e} \quad \text{mit} \quad R_x = \frac{1}{\frac{1}{\frac{x}{x_e} R_e} + \frac{1}{R_b}} \,,$$

$$\boxed{\frac{x}{x_e} = \frac{r}{R_E}}$$

und daraus

$$U = U_e \frac{\frac{x}{x_e}}{1 + \frac{R_e}{R_b} \frac{x}{x_e} \left(1 - \frac{x}{x_e}\right)}.$$

Für $\frac{R_e}{R_b} \ll 1$ wird

$$U = U_e \frac{x}{x_e} \left\{ 1 - \frac{R_e}{R_b} \frac{x}{x_e} \left(1 - \frac{x}{x_e}\right) \right\} \,. \tag{2.1}$$

Der relative Fehler ist damit (nichtlinearer Anteil)

$$F_r = - \frac{R_e}{R_b} \frac{x}{x_e} \left(1 - \frac{x}{x_e}\right) \,. \tag{2.2}$$

Bei $x = 0$ und $x = x_e$ wird der Fehler Null. Den größten Fehler erhält man aus $\frac{\partial F}{\partial x} = 0$ für $x = \frac{x_e}{2}$ zu

$$F_{r\,max} = - \frac{R_e}{4 R_b} \,.$$

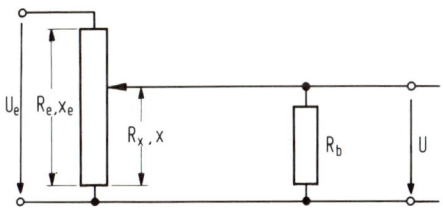

Bild 2.3. Potentiometer als Spannungsteiler

2.3 Induktive Geber

In induktiven Gebern wird der zu messende Weg in eine Änderung der
Induktivität umgesetzt. Die Induktivität einer Anordnung hängt von
der Windungszahl w, den Abmessungen A_i und den Permeabilitäten μ_i ab.

$$L = f \ (w, \ A_i, \ \mu_i) \ .$$

Es sind eine Vielzahl von Konstruktionen in Gebrauch, bei denen der
zu messende Weg entweder die Abmessungen A_i, die Permeabilitäten μ_i
oder die Windungszahl w oder mehrere dieser Größen verändert.

Alle induktiven Geber benötigen zum Messen der Induktivität eine
Wechselspannung als Hilfsspannung. Im Gegensatz zu Widerstandsgebern,
die als Ausgangsgröße einen reinen ohmschen Widerstand liefern, haben
induktive Geber neben der Induktivität noch einen ohmschen Widerstand
und eine Kapazität, was die Meßaufgabe erschweren kann. Der Widerstand setzt sich aus dem ohmschen Widerstand des Spulendrahts, den
Wirbelstromverlusten und den magnetischen Hystereseverlusten im Kern
zusammen.

Von den vielen Konstruktionen sei hier nur der Querankergeber, der
für Wege von etwa 0,1 mm verwendet wird, besprochen. Die Anordnung
zeigt Bild 2.4. In einer Spule liegt ein weichmagnetischer Kern, vor
dem sich der Queranker aus weichmagnetischem Material bewegt.

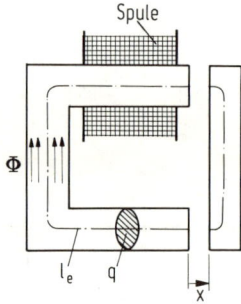

Bild 2.4. Querankergeber

Für folgende Betrachtung sei die Streuung vernachlässigt; es wird
angenommen, daß der ganze magnetische Fluß Φ nur im Eisen und durch
den kleinen Luftspalt x fließt. Es wird weiter angenommen, daß die
Induktion $B = \mu_o \mu_e H$ über den ganzen Querschnitt q konstant ist. Wegen
div B = O gilt am Übergang Eisen-Luft $\mu_o \mu_e H_e = \mu_o H_L$. Aus dem Durchflu-

tungsgesetz $I \cdot w = \oint \vec{H} \cdot \vec{ds}$ wird H bestimmt

$$H_e l_e + 2 H_L x = Iw = H_L \left(\frac{l_e}{\mu_e} + 2x \right) \quad .$$

Der Fluß wird damit

$$\Phi = Bq = \mu_o H_L \cdot q = \mu_o \cdot \frac{I \cdot w}{\frac{l_e}{\mu_e} + 2x} \cdot q \quad .$$

Die Selbstinduktivität einer Spule mit w Windungen ist definiert als
$L = w \cdot \Phi / I$. Die Selbstinduktivität der Anordnung ist damit

$$L = \mu_o \frac{w^2 \cdot q}{\frac{l_e}{\mu_e} \left(1 + \frac{2x \, \mu_e}{l_e} \right)} \quad . \tag{2.3}$$

Die Abhängigkeit L(x) wird durch eine Hyperbelkennlinie beschrieben.

Auf den Anker wird eine Kraft F ausgeübt, die sich aus der Änderung
der elektromagnetischen Energie des Spulenfeldes δW_m, der vom System
geleisteten Arbeit $\delta A = F \cdot dx$ und der von der Stromquelle gelieferten
Energie $\delta E = \int_o^T U \cdot I \cdot dt$ errechnen läßt.

Für die Energiebilanz des Systems gilt

$$\delta W_m + \delta A = \delta E \quad .$$

Die Kraft F, mit welcher der Anker angezogen wird, ist davon abhängig,
ob die Spule an konstanter Spannung liegt oder mit konstantem Strom
gespeist wird. Hier wird als ungünstigster Fall angenommen, daß die
Speisung mit konstantem Strom erfolgt. Es ist

$$W_m = \frac{LI^2}{2} \quad , \quad \delta W_m = \frac{I^2}{2} \delta L \quad \text{und}$$

$$\delta E = \int_o^T U \cdot I \cdot dt = \int_o^T I \frac{dLI}{dt} \, dt = I^2 \cdot \delta L \quad .$$

Die Energiebilanz liefert

$$\frac{I^2}{2} \delta L + F \delta x = I^2 \delta L$$

$$F = \frac{I^2}{2} \frac{\delta L}{\delta x} = - \frac{I^2 w^2 \mu_o \mu_e^2 \cdot q}{1_e^2} \cdot \frac{1}{\left(1 + \frac{2x \mu_e}{1_e}\right)^2} \cdot \qquad (2.4)$$

F ist negativ, der Anker wird angezogen.

Die nichtlineare Kennlinie und die Kraftwirkung auf den Anker sind
für viele Anwendungen ungünstig.

In der Meßtechnik werden oft zwei gleichartige Geber gegeneinander
geschaltet, um die Linearität der Kennlinie zu verbessern. Die Geber
erhalten dabei die Eingangsgröße mit verschiedenem Vorzeichen, die
Ausgangsgrößen werden voneinander subtrahiert. Im Fall des Queranker-
gebers werden die Spulen der beiden Geber in eine Brücke gelegt
(Bild 2.5) die an konstanter Wechselspannung U_o liegt. Eingangsgröße
bei Geber 1 ist der Luftspalt $x_o + x$, bei Geber 2 $x_o - x$. Dieser Geber wird als Differentialquerankergeber bezeichnet.

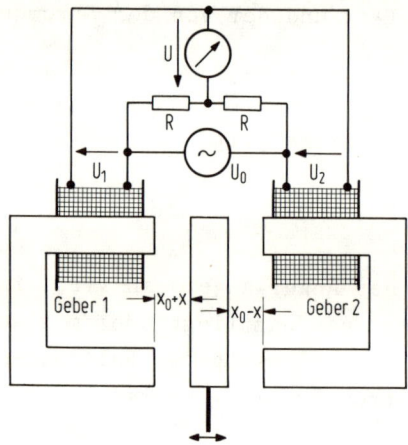

Bild 2.5. Differentialquerankergeber

Mit Gl. (2.3) wird die Spannung U_1 über der Spule des Gebers 1, wenn
Verlustwiderstände nicht berücksichtigt werden und die Spule allein
als Induktivität behandelt wird

$$U_1 = U_o \frac{j\omega L_1}{j\omega L_1 + j\omega L_2} = U_o \frac{L_1}{L_1 + L_2} = \frac{U_o}{2} \left\{ 1 - \frac{\frac{2x \mu_e}{1_e}}{1 + \frac{2x_o \mu_e}{1_e}} \right\} \cdot$$

Der Spannungsmesser in der Brückendiagonale mißt die Spannung

$$U = \frac{U_o}{2} - U_1 = U_o \frac{\mu_e}{l_e} \cdot \frac{x}{1 + \frac{2x_o \mu_e}{l_e}}$$

(2.5)

Die Kennlinie des Differential-Querankergebers ist mit den obigen
Annahmen linear und frequenzunabhängig geworden. Für x = 0 wird wegen der Symmetrie der Anordnung die Anziehungskraft ebenfalls Null.

Für die technischen Ausführungen von Querankergebern sind hohe
Empfindlichkeiten und kleine Wege typisch. Meßbereiche von 1/10 bis
1/100 mm und eine Auflösung von 10^{-5} mm sind durchaus üblich.

2.4 Transformatorgeber

Geber mit mindestens zwei Spulen, die durch den magnetischen Fluß
miteinander gekoppelt sind, bezeichnet man als Transformatorgeber.
Der zu messende Weg ändert dabei die Lage der Spulen zueinander,
die Lage eines weichmagnetischen Kernes oder die Lage eines Wirbel-
stromschirms. Von den vielen realisierten Möglichkeiten haben der Drehmelder und der Differentialtransformator die größte technische Bedeutung.

2.4.1 Drehmelder

Der Drehmelder gleicht im Aufbau der Asynchronmaschine, sein Stator
ist dreiphasig, der Läufer einphasig ausgebildet (Bild 2.6). In den
Ständerwicklungen werden Spannungen induziert, deren Größe von der
gegenseitigen Lage der Wicklungen abhängt. Der übersichtlichen Darstellung wegen wird der Drehwinkel zwischen Läufer und Ständer am
Ständer mit ϕ bezeichnet.
Die Amplituden der in den Ständerwicklungen durch den Fluß $\Phi = \Phi_o e^{j\omega t}$
des Läufers induzierten Spannungen sind bei einem Drehwinkel ϕ
und der Windungszahl w der einzelnen Wicklungen

$$U_u = j\omega\Phi_o w \sin(\phi)$$

$$U_v = j\omega\Phi_o w \sin\left(\phi + \frac{2\pi}{3}\right)$$

$$U_w = j\omega\Phi_o w \sin\left(\phi + \frac{4\pi}{3}\right).$$

$U_u = j\omega \phi_0 w \sin \rho$

$U_v = j\omega \phi_0 w \sin(\rho + \frac{2\pi}{3})$

$U_w = j\omega \phi_0 w \sin(\rho + \frac{4\pi}{3})$

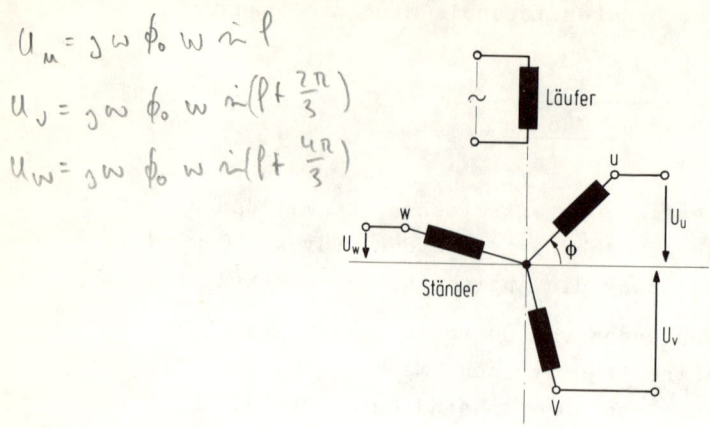

Bild 2.6. Drehmelder

Für manche Anwendungen kann sin(ϕ) im Bereich von 0 bis 30° als linear angesehen und die induzierte Spannung als Ausgangssignal verwendet werden. Die wichtigste Anwendung sieht jedoch zwei Drehmelder vor. Dabei wird dem Sender ein Winkelausschlag vorgegeben, worauf der Empfänger sich dann auf den gleichen Ausschlag einstellt (Bild 2.7).

Rotor-Wicklungen

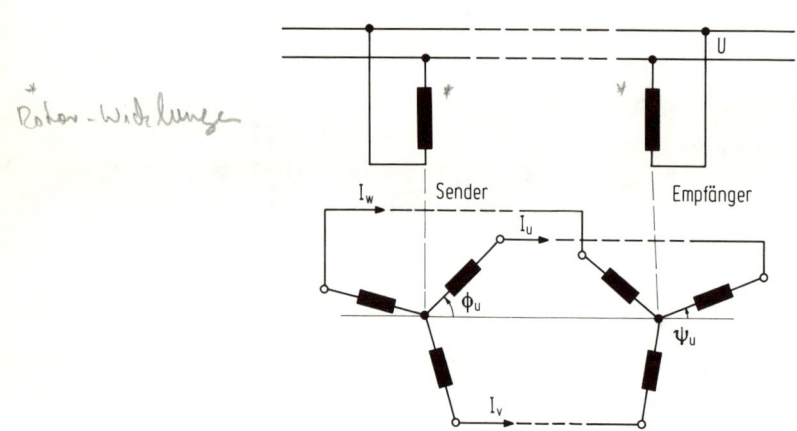

Bild 2.7. Schaltung von zwei Drehmeldern

Sender und Empfänger werden aus dem gleichen Netz gespeist. Ist der
Winkel zwischen Läufer und Ständer beim Sender ϕ_i (i = u, v, w),
beim Empfänger ψ_i, und ist $\phi_i \neq \psi_i$, so fließt in den Ständerwicklungen
ein Strom I_i, der von der Differenz der induzierten Spannungen $U_{iS}-U_{iE}$,
dem Wicklungswiderstand R, der Selbstinduktivität L und der Ständer-
windungszahl w abhängig ist

$$U_i = U_{iS} - U_{iE} = w \cdot j\omega\Phi_o (\sin \phi_i - \sin \psi_i) = I_i (R + j\omega L)$$

$$\boxed{I_i = \frac{w\, j\omega\Phi_o (\sin \phi_i - \sin \psi_i)}{R + j\omega L}} \ .$$

Der Strom I_i in den Ständerwicklungen des Empfängers erzeugt im zeitlichen Mittel ein Drehmoment M_i, das proportional dem Realteil
$\mathrm{Re}\left\{wI_i\ \Phi_o\right\}$ und abhängig vom Winkel ψ_i zwischen Rotor und der betreffenden Ständerwicklung ist. Durchdringt der Fluß die Wicklung längs
der Achse $\left(\psi_i = \frac{\pi}{2}\right)$, ist das Moment null, senkrecht dazu ($\psi_i = 0$)
ist das Drehmoment am größten. Wir setzen deshalb an, daß das Mo-
ment proportional $\cos \psi_i$ ist (Bild 2.7).

Für den Beitrag der Wicklung i zum Drehmoment gilt damit

$$M_i \sim \frac{w^2\Phi_o^2\ \omega^2 L}{R^2 + \omega^2 L^2} (\sin \phi_i - \sin \psi_i) \cos \psi_i \ . \tag{2.6}$$

Schreibt man $\phi_i = \psi_i + \alpha$, mit α als Winkeldifferenz zwischen Sender
und Empfänger, so läßt sich Gl. (2.6) mit den bekannten trigonometri-
schen Beziehungen umformen

$$M_i \sim \frac{w^2\Phi_o^2\ \omega^2 L}{R^2 + \omega^2 L^2} \left\{\sin (2\psi_i + \alpha) - \sin 2\psi_i + \sin \alpha\right\} \ .$$

Das Gesamtmoment ergibt sich zu $M = M_u + M_v + M_w$. Mit $\psi_u = \psi$,
$\psi_v = \psi + \frac{2\pi}{3}$, $\psi_w = \psi + \frac{4\pi}{3}$ wird das Moment M unabhängig von ψ. Man
erhält

$$M \sim \frac{w^2\Phi_o^2\ \omega^2 L}{R^2 + \omega^2 L^2} \ \frac{3}{2} \sin \alpha \ . \tag{2.7}$$

Voraussetzung für ein Moment M ist die Selbstinduktivität L der
Ständerwicklungen. Nach Gl. (2.7) ist die Gleichgewichtslage bei
$\alpha = 0$, d.h. der Empfängerwinkel entspricht dem Senderwinkel. Bei

Abweichungen entsteht ein Moment, das den Empfänger in die Gleichgewichtslage zu treiben versucht. Reibungskräfte im Empfänger haben
einen Fehler $\alpha \neq 0$ zur Folge. Das auf den Empfänger wirkende Moment
entsteht zwar mit Hilfe des Netzes, wird aber vom Sender aufgebracht.
Sender und Empfänger sind durch magnetische Felder "starr" verbunden,
man spricht auch von einer "elektrischen Welle". Steht zur Verstel-
lung des Senders nur ein geringes Drehmoment zur Verfügung oder
liegt zwischen Sender und Empfänger eine große Entfernung, wird die
in den Ständerwicklungen induzierte Spannung $U_i = U_{iS} - U_{iE}$ in
einen Verstärker mit einem hohen Eingangswiderstand geleitet.
Der Verstärker treibt einen mit dem Empfänger verbundenen
Stellmotor an bis $U_i = 0$ geworden ist (Bild 2.8).
Praktische Betriebsfrequenzen liegen bei etwa 500 Hz. Der Winkel ϕ
wird vom Empfänger auf 0,5 Grad genau reproduziert. Max. Drehmomente
($\alpha = \pm \frac{\pi}{2}$) liegen bei einigen Ncm.

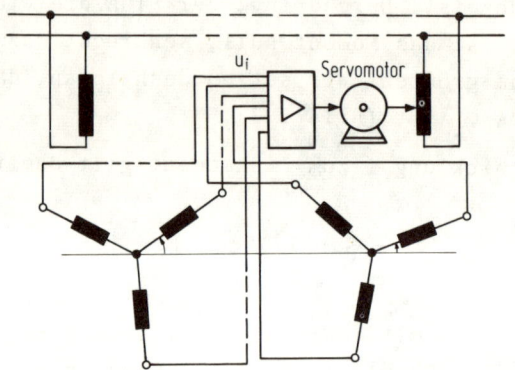

Bild 2.8. Drehmelder mit Servomotor

2.4.2 Differentialtransformator

Ein weichmagnetischer Kern wird in einer Anordnung von 3 Spulen bewegt (Bild 2.9). Die Spule 1 ist die Erregerspule. In den Spulen 2
und 3 werden die Spannungen U_2 und U_3 induziert. Die Spulen 2 und 3
sind gegeneinander geschaltet, der Geber gibt die Spannung $U = U_2 - U_3$
ab. Ist der Kern in der Symmetrielage, so ist $U_2 = U_3$ und die Ausgangsspannung $U = 0$. Damit ein Ausgangssignal U entsteht, muß wegen
$U_i = - w \cdot d\Phi_i / dt$ der Fluß in Spule 2 verschieden vom Fluß in Spule
3 sein.

Folgende Überschlagsrechnung soll den Einfluß der verschiedenen Parameter auf das Ausgangssignal zeigen. Eine exakte Lösung ist mathema-

tisch sehr schwierig und aufwendig. l_1 sei die Länge, R_1 der Radius
der Spule 1; $l_1/2$ die Länge, R_2 der Radius der Spulen 2 und 3, l_3 sei
die Länge, R_3 der Radius des Kerns. Die magnetische Feldstärke
$\vec{H}$ wird über einen Spulenquerschnitt als konstant angenommen. Der
Betrag von H soll im Spuleninnern wesentlich größer als im Außenraum
sein. Im Spuleninnern ist überall rot H = 0, da dort keine Ströme
fließen.

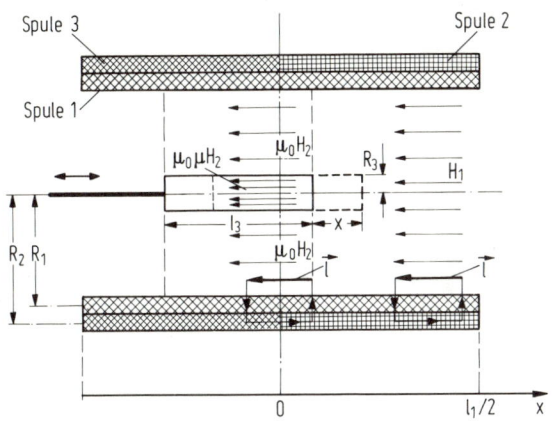

Bild 2.9. Aufbau und Magnetflüsse im Differenzialtransformator

Längs des als lang und dünn angenommenen Kerns ist damit die Komponente der Feldstärke in Achsenrichtung H_2 im Luftspalt gleich der
im Kern H_3. Der Fluß Φ_2 durch einen Querschnitt mit Eisenkern ist
dann

$$\Phi_2 = \mu_o \, H_2 \, \pi \left(R_1^2 - R_3^2 + \mu \, R_3^2 \right) \; .$$

H_2 errechnet sich aus $\oint \vec{H} \vec{ds}$ = Iw entlang einer Kurve, wie in Bild 2.9
eingezeichnet ist. Ein wesentlicher Beitrag zum Umlaufintegral soll
nur bei der Integration entlang 1 geleistet werden. Es gilt

$$\frac{Iw1}{l_1} = H_2 \, 1$$

$$H_2 = \frac{Iw}{l_1} \; .$$

Derselbe Wert für H ergibt sich, wenn im eisenfreien Spuleninnern
über einen solchen Weg das Umlaufintegral gebildet wird. Damit ist

$H_2 = H_1 = H$. Der Fluß im eisenfreien Spuleninnern ist damit
$\Phi_1 = \mu_0 \, H \, \pi \, R_1^2$.

Die Selbstinduktivität errechnet sich am einfachsten aus der Beziehung für die magnetische Energie W_m

$$W_m = \frac{1}{2} \int \vec{B} \cdot \vec{H} \, dV = \frac{1}{2} \, L \, I^2 \quad .$$

In erster Näherung liefert nur das Spuleninnere einen Beitrag zum Volumenintegral, damit gilt

$$\Phi_2 \, l_3 \, H + \Phi_1 \, (l_1 - l_3) \, H = L_1 \, I^2$$

oder

$$L_1 = K_1 \, \frac{\mu_0 \, w_1^2}{l_1^2} \, \pi \, \left\{ l_3 \, (R_1^2 - R_3^2 + \mu \, R_3^2) + (l_1 - l_3) \, R_1^2 \right\} \quad . \quad (2.8)$$

K_1 ist ein Korrekturfaktor, der die Fehler durch die Vereinfachungen berücksichtigt.

Analog wird die Selbstinduktivität der Spule 2 und der Spule 3 berechnet. Der wirksame Kern für Spule 2 habe die Länge $l_3/2 - x$, der für Spule 3 die Länge $l_3/2 + x$. Die Induktivitäten L_2 und L_3 ergeben sich dann zu

$$L_2 = K_2 \, \frac{\mu_0 \, w_2^2}{\left(\frac{l_1}{2}\right)^2} \, \pi \left\{ \left(\frac{l_3}{2} - x\right)\left(R_2^2 - R_3^2 + \mu \, R_3^2\right) + \left(\frac{l_1}{2} - \frac{l_3}{2} + x\right) R_2^2 \right\}$$

$$L_3 = K_2 \, \frac{\mu_0 \, w_2^2}{\left(\frac{l_1}{2}\right)^2} \, \pi \left\{ \left(\frac{l_3}{2} + x\right)\left(R_2^2 - R_3^2 + \mu \, R_3^2\right) + \left(\frac{l_1}{2} - \frac{l_3}{2} - x\right) R_2^2 \right\} \quad .$$

Wegen der Symmetrie des Aufbaus ist $K_2 = K_3$ und $w_2 = w_3$. Die Flüsse der Spulen durchdringen sich gegenseitig. Fließt in Spule 1 ein Strom, wird in den Spulen 2 und 3 eine Spannung induziert. Ist M_{12} die Gegeninduktivität zwischen Spule 1 und Spule 2 wird bei Wechselstromerregung von Spule 1 die in Spule 2 induzierte Spannung

$$U_2 = j \, M_{12} \, I \, \omega = jk \sqrt{L_1 \, L_2} \, I \, \omega \quad .$$

Dabei ist k der Kopplungsfaktor (k ≤ 1), der das Maß der gegenseitigen Flußdurchdrängung festlegt. Für die Spannung am Ausgang gilt mit

$$B = \frac{\frac{1_3}{1_1} (\mu - 1) R_3^2}{R_2^2 + \frac{1_3}{1_1} (\mu - 1) R_3^2} < 1$$

$$U = U_2 - U_3 = k \left\{ \sqrt{L_1 L_2} - \sqrt{L_1 L_3} \right\} j \omega I$$

$$U = K^* \frac{\mu_0 w_1 w_2}{1_1} \sqrt{2} j \omega I \sqrt{R_1^2 + (\mu - 1) R_3^2 \frac{1_3}{1_1}} \cdot$$

$$\sqrt{R_2^2 + (\mu - 1) R_3^2 \frac{1_3}{1_1}} \left\{ \sqrt{1 - 2 B \frac{x}{1_3}} - \sqrt{1 + 2 B \frac{x}{1_3}} \right\} \quad . \qquad (2.9)$$

K^* ist ein Faktor der u.a. K_1, K_2 und k enthält.

Für $Bx/1_3 \ll 1$ lassen sich die Wurzeln der letzten Klammer in eine Reihe entwickeln. Das kann in geringem Maß durch dünne Eisenkerne $R_2 \gg R_3$ oder effektiver durch kleine Ausschläge $x/1_e$ erreicht werden. Außerdem ist $R_1 \approx R_2$. Die Kennlinie des Differentialtransformators wird dann durch folgende Beziehung beschrieben

$$U = \left\{ -j\omega I \sqrt{2} K^* \frac{\mu_0 w_1 w_2}{1_1} \left(\frac{R_1^2 + R_2^2}{2} \cdot (\mu-1) R_3^2 \frac{1_3}{1_1} \right) \right\} 2 \frac{B}{1_3} \cdot x$$

$$\qquad (2.10)$$

$$\cdot \left[1 + \frac{1}{2} \left(\frac{Bx}{1_3} \right)^2 + \ldots \right] \quad .$$

Der relative Linearitätsfehler ist

$$F_r = \frac{1}{2} \left(\frac{Bx}{1_3} \right)^2 \quad .$$

Für $B \approx 1$ und $F_r = 10^{-2}$ wird der Meßbereich $x \approx 0{,}14 \; 1_3$.

Damit ist ein Nachteil des Differentialtransformators herausgestellt: Differentialtransformatoren sind nur über sehr kurze Wege hinweg linear.

Differentialtransformatoren sind allgemein wegen ihres einfachen, robusten Aufbaues und der kleinen benötigten Meßkräfte sehr beliebt.

Häufig werden sie für Wegmessungen im Millimeterbereich eingesetzt. Die Betriebsfrequenz kann von 50 Hz bis zu einigen kHz betragen. Ein

Vorteil des Differentialtransformators ist die Möglichkeit, einen
Ausschlag aus einem unter Druck stehenden Raum ohne mechanische
Durchführung heraus zu übertragen.

2.5 Kapazitive Geber

Die Kapazität C einer Anordnung hängt von den beteiligten Flächen
A_i, dem Abstand d_i der Flächen voneinander und der Dielektrizitätskonstanten ε_i des Dielektrikums zwischen den Flächen ab.

$$C = f\ (A_i,\ d_i,\ \varepsilon_i)\quad.$$

Je nach Art der Konstruktion werden bei kapazitiven Gebern Wegänderun-
gen in eine Änderung einer oder mehrerer der Größen A_i, d_i, ε_i und
somit in eine Kapazitätsänderung umgesetzt.

2.5.1 Geber mit veränderlichem Elektrodenabstand

Bild 2.10 zeigt einen Plattenkondensator, dessen Plattenabstand d
verändert wird. Sieht man von der Streuung ab und nimmt ein homogenes elektrisches Feld zwischen den beiden Platten der Fläche A an,
ergibt sich die Ladung Q einer Platte zu

$$Q = \int \vec{D} \cdot d\vec{A} = AD = \varepsilon_o \varepsilon EA\quad.$$

Die Spannung U zwischen den Platten errechnet sich aus der konstanten
Feldstärke E zu $U = E \cdot d$. Die Kapazität $C = \frac{Q}{U}$ der Anordnung wird damit

$$C_d = \frac{\varepsilon_o\,\varepsilon\,A}{d}\quad.$$

Ist der zu messende Weg x, der Plattenabstand des Kondensators
d+x, so gilt

$$\frac{C_{d+x}}{C_d} = \frac{1}{1+\frac{x}{d}}.$$

(2.11)

Die Kennlinie ist nichtlinear. Zwischen den Platten besteht eine Anziehungskraft F. Diese Kraft kann aus der Energie des elektrischen
Feldes W und deren Änderung bei einer kleinen Abstandsänderung δx
errechnet werden. Nach dem Energieerhaltungssatz gilt

$$\delta W + F\delta x = U \cdot \delta Q \quad .$$

Dabei ist δW die Energieänderung des elektrischen Feldes, $F \cdot \delta x$ die von der Anziehungskraft geleistete Arbeit und $U \cdot \delta Q$ die von der Spannungsquelle mit der konstanten Spannung U in die Anordnung gelieferte Energie; δQ ist die durch δx hervorgerufene Ladungsverschiebung auf dem Kondensator.

Für die Energie W des elektrischen Feldes gilt

$$W = \frac{1}{2} \int_V \varepsilon_o \varepsilon \, \vec{E}^2 \, d\tau = \frac{\varepsilon_o \varepsilon \, E^2 \cdot A \cdot (d+x)}{2} = \frac{\varepsilon_o \, \varepsilon \, A}{2(d+x)} U^2 = \frac{1}{2} QU \quad .$$

Die Ladungsverschiebung δQ errechnet sich daraus zu

$$\delta Q = - \frac{U \varepsilon_o \varepsilon A}{(d+x)^2} \delta x \quad .$$

Aus der Energiebilanz wird damit die Anziehungskraft

$$F = \frac{\delta Q}{\delta x} \cdot U - \frac{\delta W}{\delta x} = \frac{1}{2} \frac{\delta Q}{\delta x} U = - \frac{U^2 \varepsilon_o \varepsilon A}{2(d+x)^2} = - \frac{U^2}{2} \cdot \frac{C}{(d+x)} \quad . \quad (2.12)$$

C hängt von $(d+x)$ ab

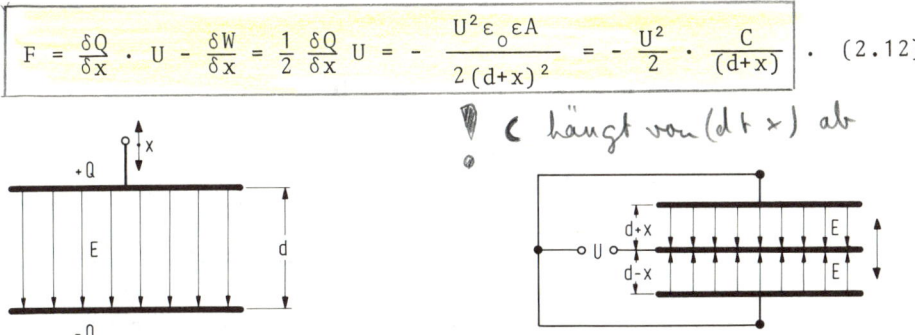

Bild 2.10. Plattenkondensator   Bild 2.11. Differenzialkondensator

Kapazitive Geber mit veränderlichem Plattenabstand werden zur berührungslosen Messung kleiner Wege benutzt. Wie bei den Querankergebern werden, um die Linearität der Kennlinie zu verbessern und die Anziehungskräfte F weitgehend auszuschalten, zwei gleiche Anordnungen gegeneinander geschaltet (Bild 2.11)

Mit kapazitiven Gebern von veränderlichem Plattenabstand wurden Wege herab bis 10^{-8} m gemessen. Der Plattenabstand d läßt sich in der Praxis nicht unter einige 10^{-2} mm bringen. Spannungsdurchschläge und Fremdkörper zwischen den Platten begrenzen den minimalen Plattenabstand.

2.5.2 Geber mit veränderlicher Fläche

Bei Gebern mit veränderlicher Fläche werden die Elektroden bei konstantem Abstand d übereinander geschoben (Bild 2.12).

Nimmt man wieder zwischen den Platten mit dem Abstand d ein homogenes elektrisches Feld an und sieht von der Streuung am Plattenrand ab, wird die Kapazität $C(x) = \varepsilon_0 \varepsilon \dfrac{bx}{d}$ und

$$\frac{C(x)}{C(x_e)} = \frac{C(x)}{C_e} = \frac{x}{x_e} \qquad\qquad (2.13)$$

Auf die Platten wirkt eine Kraft F, die die Platten übereinander zu ziehen versucht. Man erhält für F analog zur Herleitung im Abschnitt (2.5.1)

$$F = \frac{U^2}{2} \frac{\varepsilon_0 \varepsilon b}{d} = \frac{U^2}{2} \frac{C}{x} \;. \qquad\qquad (2.14)$$

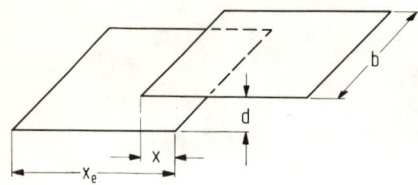
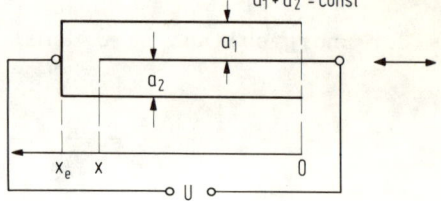

Bild 2.12. Kapazitiver Geber mit   Bild 2.13. Kapazitiver Geber mit
    veränderlicher Fläche   veränderlicher Fläche
                                        in Differenzschaltung

Die Kraft ist unabhängig vom Ausschlag. Weggeber nach Bild 2.12 haben für die Praxis einen gravierenden Nachteil. Es sind kaum Konstruktionen möglich, bei denen über den ganzen Meßbereich von O bis x_e hinweg der Plattenabstand d konstant bleibt. Deshalb werden die Geber meistens in Differenzschaltung (Bild 2.13) ausgeführt. Das bekannteste Beispiel dafür ist der Drehkondensator.

Die Kapazität einer Anordnung nach Bild 2.13 ist

$$C = \varepsilon_0 \varepsilon \cdot x \cdot b \left\{ \frac{1}{a_1} + \frac{1}{a_2} \right\} \;. \qquad\qquad (2.15)$$

Der Abstand $d = a_1 + a_2$ ist durch die Konstruktion gegeben und konstant. Bei einem Meßausschlag x werden sich aber a_1 und a_2 unvermeidlich ändern. Mit $\delta a_1 + \delta a_2 = 0$ und $a_1 = a_2 = a$ erhält man

$$C = \frac{\varepsilon_o \varepsilon \; x \cdot b \cdot 2}{a} \left\{ 1 + \left(\frac{\delta a}{a}\right)^2 \right\} = C_e \frac{x}{x_e} \left\{ 1 + \left(\frac{\delta a}{a}\right)^2 \right\} \quad .$$

Im Vergleich zur einfachen Anordnung in Bild 2.12 wird hier die Kennlinie von einer Abstandsänderung δa in viel geringerem Maße beeinflußt. Eine Änderung $\delta a/a = 0,1$ bringt für die Kapazität einen relativen Fehler von 1%.

Kapazitive Geber mit veränderlichen Flächen sind für größere Wege
im Millimeter-Bereich geeignet. Zahlreiche Ausführungen sind auf die
Winkelmessung zugeschnitten.

2.5.3 Kapazitive Weggeber mit verschiebbaren Dielektrika

Zwei Ausführungen sind üblich: Bei der einen wird die Dicke a_2 des
Dielektrikums geändert (Bild 2.14a), bei der zweiten schiebt sich
ein Dielektrikum ε_2 konstanter Dicke a_2 in den Kondensator hinein
(Bild 2.14b).

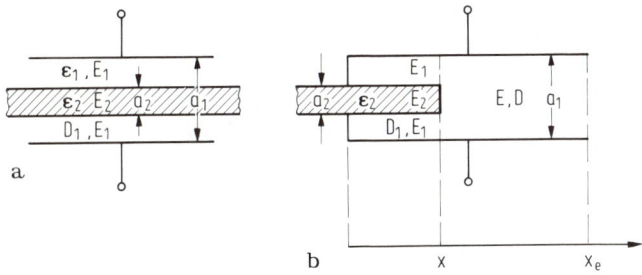

Bild 2.14. Kondensator als Weggeber
a) Dielektrikum veränderlicher Dicke
b) Verschiebbares Dielektrikum konstanter Dicke

Die Kapazität der Anordnung nach Bild 2.14b errechnet sich, wenn man
längs des Dielektrikums der Länge x und längs des Luftspaltes x_e - x
ein homogenes Feld annimmt und die Streuung nicht berücksichtigt,
aus folgenden Beziehungen

Die Ladung einer Kondensatorplatte ist

$$Q = \frac{x}{x_e} A \; D_1 + \frac{x_e - x}{x_e} A \; D \quad .$$

An der Grenzschicht Luft-Dielektrikum gilt

$$\text{div } \vec{D} = 0 = \varepsilon_o \, \varepsilon_1 \, E_1 - \varepsilon_o \, \varepsilon_2 \, E_2 \quad .$$

Außerdem gilt, wenn U die angelegte Spannung ist,

$$E_1 (a_1 - a_2) + a_2 E_2 = U = E a_1 \ .$$

Werden E, E_2 und E_1 eliminiert, erhält man die Kapazität

$$C = \frac{Q}{U} = C_e \left\{ 1 + \frac{x}{x_e} \cdot \frac{1 - \dfrac{\varepsilon_1}{\varepsilon_2}}{\dfrac{a_1}{a_2} - 1 + \dfrac{\varepsilon_1}{\varepsilon_2}} \right\} \ . \tag{2.16}$$

Dabei ist $C_e = \dfrac{A \ \varepsilon_0 \varepsilon_1}{a_1}$ die Kapazität der Anordnung ohne Dielektrikum ε_2.

Die Kapazität C ist eine lineare Funktion von x, eine Abhängigkeit von der Lage der dielektrischen Platte im Kondensator ist bei festem x nicht vorhanden. Die Empfindlichkeit ist

$$\frac{\Delta C}{\Delta x} = \frac{C_e}{x_e} \frac{1 - \dfrac{\varepsilon_1}{\varepsilon_2}}{\dfrac{a_1}{a_2} - 1 + \dfrac{\varepsilon_1}{\varepsilon_2}} \ . \tag{2.17}$$

Sorgt man dafür, daß $\varepsilon_2 \gg \varepsilon_1$ ist und wählt man die Dicke a_2 des verschiebbaren Dielektrikums möglichst groß $\left(\dfrac{a_1}{a_2} \to 1 \right)$, wird die Empfindlichkeit

$$\frac{\Delta C}{\Delta x} \approx \frac{C_e}{x_e} \frac{\varepsilon_2}{\varepsilon_1} \ . \tag{2.18}$$

Solche Geber haben u.a. Anwendung bei der Füllstandmessung von flüssigen und geschütteten Materialien gefunden (Abschnitt 4.3).

Oft ist die Dielektrizitätskonstante ε_2 des Dielektrikums temperaturabhängig. Neben einer Temperaturkorrektur des Ausgangssignals kann die Meßkapazität C dadurch temperaturunabhängig gemacht werden, daß man $\dfrac{a_1}{a_2} \gg 1$ wählt. Die Empfindlichkeit wird

$$\frac{\Delta C}{\Delta x} \approx \frac{C_e}{x_e} \frac{a_2}{a_1} \ . \tag{2.19}$$

Mit dieser Maßnahme handelt man sich allerdings einen großen Verlust an Empfindlichkeit ein.

Bei der anderen Verwendungsart nach Bild 2.14a füllt das Dielektrikum der veränderlichen Dicke a_2 die ganze Anordnung aus ($x = x_e$).
Mit Gl. (2.16) wird die Kapazität

$$C = C_e \left\{ 1 + \frac{1 - \dfrac{\varepsilon_1}{\varepsilon_2}}{\dfrac{a_1}{a_2} - 1 + \dfrac{\varepsilon_1}{\varepsilon_2}} \right\} .$$

Die Kennlinie ist nichtlinear. Für große Luftspalte $\dfrac{a_1}{a_2} \gg 1$ und
für $\dfrac{\varepsilon_1}{\varepsilon_2} \ll 1$ gilt für die Kapazität der Anordnung

$$C \approx C_e \left\{ 1 + \frac{a_2}{a_1} \right\} . \qquad (2.20)$$

Unter diesen Voraussetzungen ist die Kennlinie linear und unabhängig
von der Dielektrizitätskonstanten ε_2.

Solche Einrichtungen finden bei nicht zu hohen Ansprüchen an die
Meßgenauigkeit vielfältige Anwendung für die Dickenmessung von
Folien, Bändern und Textilfasern.

2.5.4 Die Verarbeitung der Signale aus kapazitiven Gebern

Kapazitive Geber haben einen entscheidenden Nachteil: Ihre Kapazität
ist klein, sie reicht nur bis zu einigen 100 pF, das Meßkabel bringt
neben seinem ohmschen Widerstand ebenfalls eine Kapazität und eine
Induktivität mit. Bild 2.15 zeigt das Ersatzschaltbild eines kapazitiven Gebers mit Meßkabel.

Das Meßkabel mit seinem Widerstand R_L, seiner Induktivität L_L und
seiner Kapazität C_L würde bei der Kapazitätsmessung von C nicht
stören, wenn R_L, $\omega_L L_L \ll \frac{1}{\omega C} \ll \frac{1}{\omega C_L}$ wäre.

Schon bei einer Länge des Meßkabels von 10 m ist meist C_L größer
als C. Die Schaltung zur Messung von C muß deshalb in unmittelbarer
Nähe des Gebers untergebracht werden. Zur C-Messung sind Verfahren
mit veränderlicher Frequenz, bei denen etwa die Geberkapazität Be-
standteil eines Schwingkreises ist, Verfahren mit fester Frequenz
und die üblichen Brückenschaltungen möglich.

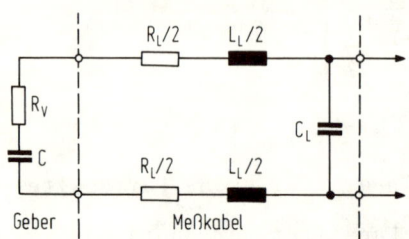

Bild 2.15. Ersatzschaltbild des kapazitiven Gebers mit Meßkabel

2.6 Dehndrähte und Dehnmeßstreifen

Bei diesen Gebern wird die Länge eines elektrischen Leiters verändert. Der Leiter ändert durch diese Dehnung seine geometrischen
Abmessungen und seinen spezifischen Widerstand und damit seinen
ohmschen Widerstand. Diese Widerstandsänderung wird als Maß für
die Längenänderung benutzt und elektrisch in Brückenschaltungen
weiter verarbeitet. Bild 2.16 zeigt einen zylindrischen elektrischen
Leiter mit der Länge 1 und dem Querschnitt $q = \pi \left(\frac{d}{2}\right)^2$. ρ sei der
spezifische Widerstand. Der Widerstand des Leiters ist $R = \frac{1}{q} \cdot \rho$.

Die relative Widerstandsänderung bei einer Längenänderung gewinnt
man am einfachsten durch Logarithmieren und Differenzieren der
Gleichung für R

$$\frac{\Delta R}{R} = \frac{\Delta 1}{1} - \frac{\Delta q}{q} + \frac{\Delta \rho}{\rho} \ .$$

$$(2.21)$$

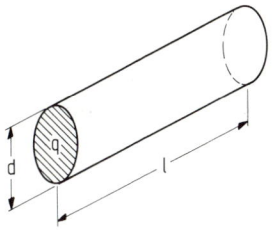

Bild 2.16. Dehndraht

Die Dehnung $\varepsilon = \Delta l/l$ und die relative Querschnittsänderung $\Delta q/q$ sind nicht unabhängig voneinander. Bleibt bei der Dehnung das Volumen des Leiters $V = l \cdot q$ konstant, gilt

$$\frac{dV}{V} = \frac{\Delta l}{l} + \frac{\Delta q}{q} = \frac{\Delta l}{l} + \frac{2\Delta d}{d} = 0 \quad .$$

Reale Werkstoffe vergrößern bei der Dehnung etwas ihr Volumen. Der Zusammenhang zwischen Längendehnung und der relativen Durchmesseränderung wird durch die Poissonsche Konstante μ beschrieben

$$\frac{\Delta d}{d} = -\mu \frac{\Delta l}{l} \quad . \tag{2.22}$$

Für $V = $ const. ist $\mu = 1/2$, bei vielen Werkstoffen ist $\mu \approx 0,3$.

Die Änderung des spezifischen Widerstandes ist bei kleinen Dehnungen proportional der Dehnung. Mit der Proportionalitätskonstanten β_ρ ist

$$\frac{\Delta\rho}{\rho} = \beta_\rho \frac{\Delta l}{l} \quad .$$

Die Widerstandsänderung wird damit

$$\frac{\Delta R}{R} = \frac{\Delta l}{l} \left\{ 1 + 2\mu + \beta_\rho \right\} \quad . \tag{2.23}$$

Die Konstanten μ und β_ρ werden für den Anwender in dem sog. K-Faktor zusammengefaßt.

$$\boxed{\frac{\Delta R}{R} = K \frac{\Delta l}{l}} \quad . = K \, \varepsilon(x) \qquad \boxed{\varepsilon_x = h \, y''(x)} \qquad y(x) = \text{Biegelinie} \atop h = \text{halbe Dicke des DMS} \tag{2.24}$$

Der spezifische Widerstand ρ hängt von der Beweglichkeit b der Ladungsträger und ihrer Konzentration ab

$$\frac{1}{\rho} = b \cdot n = \frac{e^2 \cdot \tau}{m_{eff}} \; n.$$

Dabei ist e die Elementarladung, n die Ladungsträgerdichte, m_{eff} die effektive Masse der Ladungsträger und τ die mittlere Relaxationszeit (vgl. Abschnitt 6.2.3.1).

Die effektive Masse m_{eff} berücksichtigt pauschal die Einwirkungen des elektrischen Potentials der Atomrümpfe im Kristallgitter auf die Bewegung. Bei einem idealen Metall mit halb gefülltem Leitungsband ändert sich m_{eff} durch eine geringe Dehnung von ca. 10^{-3} nicht wesentlich; deshalb ist β_ρ von Metallen klein. Wegen der geringen β_ρ-Werte unterscheiden sich die K-Faktoren der verschiedenen Metalle nicht sehr voneinander. Zweckmäßigerweise wird ein Werkstoff mit geringem Temperaturkoeffizienten gewählt, damit der Meßeffekt nicht zu stark durch den Temperaturgang des Widerstandes überdeckt wird. Für Konstantan ist z.B. K = 2.

In Halbleitern, ob Eigen- oder Störstellenleiter, ist die Ladungsträgerdichte im Valenz- oder Leitungsband klein. Bei komplizierter Bandstruktur werden die Energiebänder gerade am Rand von der Geometrie im Kristallgitter stark abhängig. Die effektive Masse m_{eff} der Ladungsträger wird damit von der Dehnung abhängig. Bei Silizium-Streifen, die kristallographisch günstig geschnitten sind, werden leicht K-Faktoren von 200 erreicht.

Die Dehnmeßgeber können für Meßzwecke sinnvoll nur im elastischen Bereich eingesetzt werden. Bei den gebräuchlichsten Materialien ist damit die Dehnung auf $\varepsilon \leqslant 10^{-3}$ festgelegt. Zur Vermeidung von Temperaturfehlern werden mindestens zwei oft auch vier Dehnmeßgeber in Brückenschaltungen zusammengeschaltet. Die Geber werden sehr nahe beieinander montiert, damit sichergestellt ist, daß alle dieselbe Temperatur haben. Häufig werden die Geber so angeordnet, daß die eine Hälfte positiv und die andere Hälfte negativ von der Meßgröße beeinflußt wird. Bild 2.17 zeigt einen Wegmesser und die zugehörige Brückenschaltung. Im Gerät werden zwei Geber verwendet, die hier aus freigespannten Widerstandsdrähten bestehen. Eine Schraubenfeder hält die Drähte unter Spannung. Wird nun der Tastkopf um x ausgelenkt, erhöht sich die Spannung in R_1, in R_2 vermindert sie sich um denselben Betrag.

Solche Freidrahtgeber werden dort eingesetzt, wo die zu messende Größe als Verschiebung vorliegt. Sie benötigen eine geringe Meß-

kraft (ca. 1N), Linearität und Hysterese sind unter 0,25% v.E. Temperaturfehler von weniger als 10^{-4}/K sind möglich.

In Brückenschaltungen kann eine Empfindlichkeit von 5 mV pro Volt
Speisespannung erreicht werden. Nachteilig sind Fehler, die durch
ungleichmäßige Erwärmung entstehen und Überlastungen, die ein Er-
schlaffen der Drähte bewirken und eine neue Justierung erforderlich
machen.

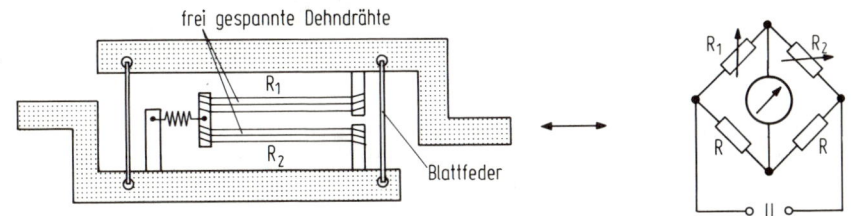

Bild 2.17. Feindrahtdehnmeßgeber

DMS mit Kleber:

Am weitesten verbreitet als Dehnungsgeber ist der Dehnungsmeßstreifen (DMS). Er besteht aus einem Trägermaterial (Papier, Glasfaser-
gewebe), das elektrisch isoliert, und einem metallischen Widerstand
(Draht, geätzte Folie), der mit dem Träger durch geeignete Klebe-
stoffe oder Tränkung mit Harz fest verbunden ist. Am elektrischen
Widerstand sind noch Zuleitungsdrähte angebracht. Viele Bauformen
sind möglich (Bild 2.18). Neben den Meßstreifen mit Metall als Widerstandsgeber werden auch Siliziumstreifen verwendet. Diese Streifen werden aus einem Einkristall in kristallographisch günstiger
Richtung geschnitten und an den Enden mit Kontakten versehen.

Dehnungsmeßstreifen werden durch Kleben mit dem Meßobjekt verbunden. Bei idealer Klebung wird mit Dehnungsmeßstreifen die Ober-
flächendehnung des Meßobjekts gemessen. Die Klebung mit der
Eigenschaft, die Dehnung an der Oberfläche des Meßobjekts voll-
kommen auf den Dehnungsmeßstreifen zu übertragen, ist mit das
schwierigste Problem in der Dehnungsmeßstreifentechnik. Bild 2.19
zeigt die wesentlichen Teile der Anordnung. In die Mitte des Dehnungsmeßstreifens ist der Nullpunkt für die Abszisse 1 gelegt. Wegen
der Symmetrie der Anordnung tritt bei Dehnung im Nullpunkt keine

Verschiebung zwischen Metall und Dehnungsmeßstreifen auf.

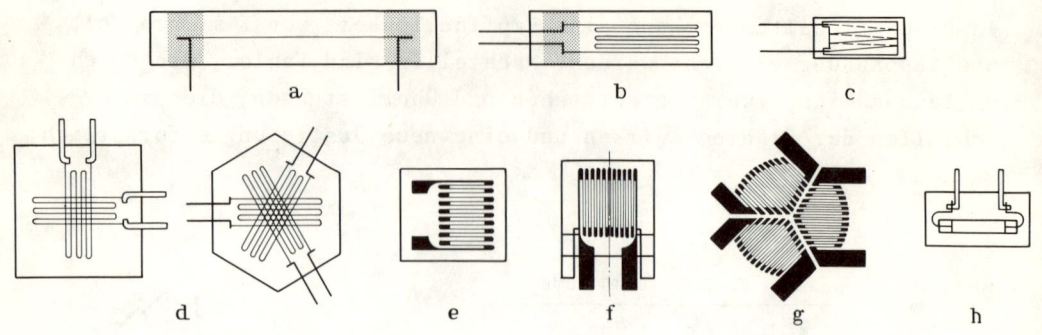

a   b   c

d   e   f   g   h

Bild 2.18. Ausführungsformen von DMS: a = Eindraht, b = DMS mit
          Mäanderformwicklung, c = DMS mit Spulenformwicklung,
          d = Gruppen-DMS für Mehrrichtungsaufnahme, e, f = Fo-
          lien-DMS, g = Gruppen-DMS für Dehnung in mehrere
          Richtungen, h = Halbleiter-DMS

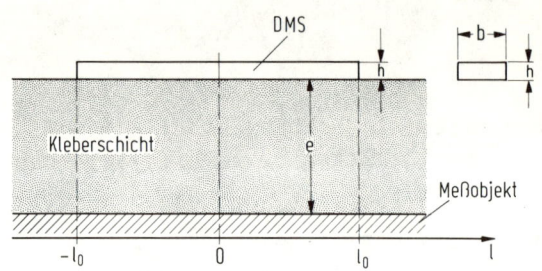

Bild 2.19. DMS-Klebstoff-Meßobjekt

Für die Dehnung $\Delta l_m/l$ an der Oberfläche des Meßobjekts gilt

$$\frac{\Delta l_m}{l} = \frac{\sigma_m}{E_m} .$$

(2.25)

Dabei ist σ_m die Spannung an der Oberfläche des Meßobjekts und E_m
der zugehörige Elastizitätsmodul. Die Dehnung $\Delta l_m/l$ soll über die
ganze Länge $2l_o$ des Dehnungsmeßstreifens konstant sein und unabhängig von der Spannung im Kleber und im Dehnungsmeßstreifen. Die
Spannung σ_D im Dehnungsmeßstreifen wird sich über die Länge hinweg

ändern. Wir erhalten für die Längenänderung Δl_D des Dehnungsmeßstreifens mit E_D als Elastizitätsmodul des Dehnungsmeßstreifens

$$\Delta l_D = \frac{1}{E_D} \int_0^l \sigma_D(l) \; dl \; .$$ (2.26)

Sind die Streckungen Δl_D und Δl_m von Streifen und Meßobjekt nicht
gleich, erfährt die Kleberschicht der Dicke e eine Verzerrung nach
Bild 2.20 mit einem Winkel

$$\gamma = \frac{\Delta l_m - \Delta l_D}{e} \; .$$

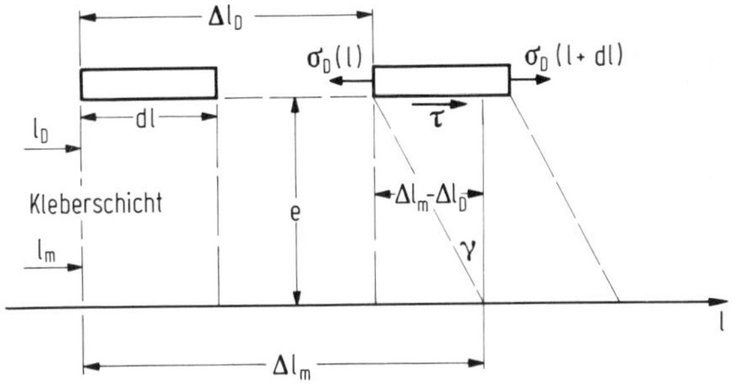

Bild 2.20. Dehnung von Meßobjekt und Dehnmeßstreifen

Um einen Winkel γ zu erzeugen, muß an der Oberfläche der Klebe-
schicht tangential eine Schubspannung τ angreifen. γ ist proportional τ, der Proportionalitätsfaktor wird durch den Gleitmodul G
des Klebers gegeben

$$\gamma = \frac{\tau}{G} \; .$$ (2.27)

Um die Gln. (2.25), (2.26) und (2.27) miteinander zu verbinden, wird
eine Kräftebilanz an einem Element der Länge dl des Dehnungsmeßstreifens aufgestellt (Bild 2.20).
Auf der linken Seite des Elements greift, wenn wir uns den Streifen
an der Stelle 1 aufgeschnitten denken, die Kraft $-\sigma_D(l) \cdot b \cdot h$ an,
an der rechten Seite ist es die Kraft $\sigma_D(l+dl) \cdot b \cdot h$. An der Klebe-
fläche $b \cdot dl$ greift die Schubspannung τ an. Das Kräftegleichgewicht
liefert

$$- bh \left\{ \sigma_D(l) - \sigma_D(l+dl) \right\} + \tau \cdot b \cdot dl_D = 0$$

oder für kleine dl

$$h \, \frac{\partial \sigma_D}{\partial l} + \tau = 0 \quad . \tag{2.28}$$

Wird τ eliminiert, so erhalten wir mit den Gln. (2.25) bis (2.27)
für σ_D

$$h \, \frac{\partial \sigma_D(l)}{\partial l} + \frac{G}{e} \, \frac{\sigma_m \, l}{E_m} - \frac{G}{e} \cdot \frac{1}{E_D} \int_0^l \sigma_D(l) \, dl = 0 \quad . \tag{2.29}$$

Zum allgemeinen Integral kommt man mit dem Ansatz

$$\sigma_D(l) = A \, e^{+rl} + B \, e^{-rl} + \frac{\sigma_m}{E_m} E_D \quad \text{mit} \quad \boxed{r = \sqrt{\frac{G}{e \cdot h \cdot E_D}}} \, .$$

Die spezielle Lösung mit den Randbedingungen

$$\frac{\partial \sigma_D(0)}{\partial l} = 0 \quad \text{und} \quad \sigma_D(l_o) = 0$$

ist

$$\sigma_D(l) = \frac{\sigma_m}{E_m} E_D \left\{ 1 - \frac{\cosh rl}{\cosh rl_o} \right\} \quad ,$$

und daraus

$$\varepsilon_D(l) = \varepsilon_m \left\{ 1 - \frac{\cosh rl}{\cosh rl_o} \right\} \quad . \tag{2.30}$$

Bild 2.21 zeigt den Dehnungsverlauf im Streifen für verschiedene
Längen l_{oi}. Will man im Streifen eine etwa konstante Dehnung haben,
muß $r \cdot l_o$ groß gegen Eins gewählt werden. Für diesen Fall wird die
Dehnung in der Mitte des Streifens $l = 0$

$$\varepsilon_D(0) = \varepsilon_m \left(1 - 2 \, e^{-rl_o} \right) \quad . \tag{2.31}$$

Nur für große $r \cdot l_o$ nähert sich die Dehnung des Streifens der des
Meßobjekts.

Die Widerstandsänderung $\Delta R/R$ hängt nun nicht mehr allein vom K-Faktor ab, sondern auch von der Spannungsverteilung im Dehnungsmeßstreifen. Sie errechnet sich über eine Länge von $-l$ bis $+l$ zu

$$\frac{\Delta R}{R} = \frac{K}{1\,E_D} \int_0^1 \sigma_D(1)\,d1 = K\,\varepsilon_m \left\{ 1 - \frac{1}{r1}\,\frac{\sinh r1}{\cosh r1_o} \right\}$$

(2.32)

$$\boxed{\frac{\Delta R}{R} \approx K\,\varepsilon_m \left\{ 1 - \frac{e^{-r(1_o-1)}}{r\cdot 1} \right\} \quad \text{für } r1 > 1}\,.$$

$K_{eff} = \frac{\Delta R}{R}\,\frac{1}{\varepsilon_m}$

l_o = Länge des DMS

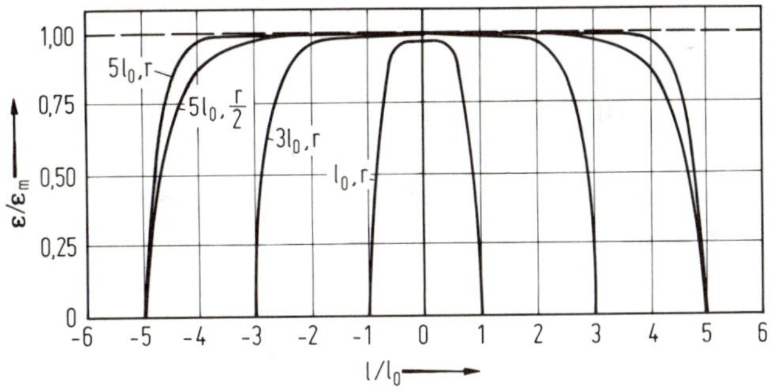

Bild 2.21. Dehnungsverlauf im DMS

Die Gln. (2.29) bis (2.31) zeigen, daß es günstig ist, die Wurzel r der charakteristischen Gleichung möglichst groß zu wählen. Das bedeutet einen kleinen Elastizitätsmodul E und eine kleine Dicke h des Streifens. Weiter ist ein harter Kleber mit hohem Gleitmodul G und eine kleine Dicke e der Klebstoffschicht vorteilhaft.

Reale Kleber "fließen"; das bedeutet, daß bei festem Winkel γ nach Gl. (2.26) G kleiner wird und die Schubspannung τ abgebaut wird. Der Dehnungsverlauf in Bild 2.21 wird sich in der eingezeichneten Weise ändern. Soll die Messung $\Delta R/R$ davon unbeeinflußt bleiben, wird man z.B. den Streifen nicht an den Enden, sondern bei $1 < 1_o$ kontaktieren. Der Zusammenbruch der Dehnung an den Enden bleibt damit bei der Messung fast ohne Einfluß (Gl. 2.32).

Dehnungsmeßstreifen haben sich als sehr vielseitige und präzise Geber zur Umsetzung von Dehnung in elektrische Spannungen durchgesetzt. Linearität der Kennlinie bis 0,1%, Hysterese von 0,1% und Temperaturfehler von 10^{-4}/K sind erreicht worden. Die obere Grenze des Bereichs liegt bei etwa $\Delta 1/1 = 10^{-3}$. Sorgfältige elektrische Isolierung und Feuchteschutz sind notwendig. Dehnungsmeßstreifen benötigen eine Kraft, die bei einigen N liegt.

3. Kraftmessung

3.1 Physikalische Grundlagen

Kräfte können nicht direkt gemessen werden, sondern nur indirekt über ihre Wirkungen auf einen Körper. Im wesentlichen kann das nach 2 Methoden geschehen:

1. Eine Kraft F erteilt einem Körper der Masse m eine Beschleunigung a, die gemessen werden kann. Nach dem Newtonschen Grundgesetz der Mechanik sind die Größen über die Beziehung F = m·a miteinander verbunden. Bei bekannter Masse ist damit die Kraft bestimmt.

   Umgekehrt können definierte Kräfte bei gegebener Masse und bekannter Beschleunigung realisiert werden.

2. Feste Körper ändern unter dem Einfluß von Kräften ihre Form. Bei elastischen Körpern ist der Umfang der Formänderung ein Maß für die angreifende Kraft.

Die Einheit der Kraft ist das Newton (N). Eine Kraft von 1 Newton entsteht an einer Masse von 1 kg unter der Einwirkung einer Beschleunigung von 1 ms^{-2}.

Zur Justierung und Eichung von Kraftmeßgeräten, auch Dynamometer genannt, werden Kräfte von bestimmter Größe benötigt. Solche Kräfte werden mit Hilfe bekannter Massen unter dem Einfluß der Erdbeschleunigung erzeugt. Die Erdbeschleunigung ist sehr genau bekannt, sie hängt in geringem Maß von der geographischen Breite β ab.

$$g = 9,78049(1 + 0,0050 \cdot \sin^2\beta + 0,00341 \cdot \cos^2\beta) \text{ m/s}^2$$

Für Kräfte bis etwa $2 \cdot 10^4$ N belastet man das Dynamometer im Schwerefeld der Erde mit bekannten Massen bis $2 \cdot 10^3$ kg. Für größere Kräfte wird die Handhabung der großen Massen zu umständlich.

Hebelübersetzungen $l_1 : l_2$ = 1:5 bis 1:100 erschließen größere Bereiche oder erleichtern die Prüfung durch das Hantieren mit kleineren Massen. Für die Prüfkraft F am Hebelarm l_2, der Masse m am Hebelarm l_1 gilt

$$F = m \cdot g \cdot \frac{l_1}{l_2}$$

Die relativen Fehler einer solchen Anordnung lassen sich auf 10^{-5} bis 10^{-6} bringen.

Für geringere Ansprüche an die Meßunsicherheit (bis etwa $5 \cdot 10^{-4}$) werden hydraulische Übersetzungen benutzt (Bild 3.1). Die Masse m wirkt auf einen Kolben der Fläche A_1, die Prüfkraft F wird an einem Kolben der Fläche A_2 abgenommen. Die Kolben sind miteinander über den Druck p der hydraulischen Flüssigkeit verbunden. Reibungskräfte an den Kolben lassen sich weitgehend durch rotierende Kolben vermeiden. Für die Prüfkraft wird

$$\frac{mg}{A_1} = p = \frac{F}{A_2}$$

$$F = mg \frac{A_2}{A_1} \quad .$$

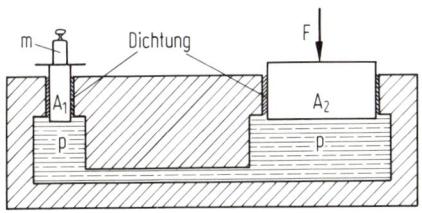

Bild 3.1. Hydraulische Übersetzung

3.2 Federn

Bei den wichtigsten Kraftmeßverfahren wird durch die angreifende Kraft ein fester Körper elastisch verformt und diese Formänderung als Weg oder Dehnung elektrisch gemessen (Bild 3.2). Solche Körper bezeichnet man als Federn. Es gibt viele Bauformen für verschiedene Anwendungen und Bereiche.

Federn mit großer zuläßiger Verformung liefern als Ausgangsgröße einen
Ausschlag, der mit den in Kapitel 2 besprochenen Methoden in ein
elektrisches Signal umgesetzt werden kann. Federn mit kleinen Verformungen können an dazu geeigneten Stellen mit Dehnungsmessern versehen
werden. Mit geeigneten Federn werden elektrische Wegmesser zu Kraft-
messern.

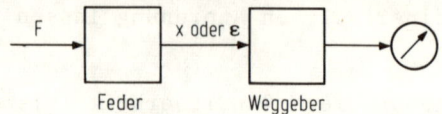

Bild 3.2. Wirkungsablauf im Dynamometer

Die Meßunsicherheit ist einmal durch die des Wegmeßverfahrens, aber
ganz entscheidend durch die Güte der Feder bestimmt. Die meßtechnischen
Eigenschaften einer Feder sind vom Federmaterial, der sorgfältigen
konstruktiven Durchbildung und von der Art der Krafteinleitung abhängig.
Dazu ein Beispiel (Bild 3.3):

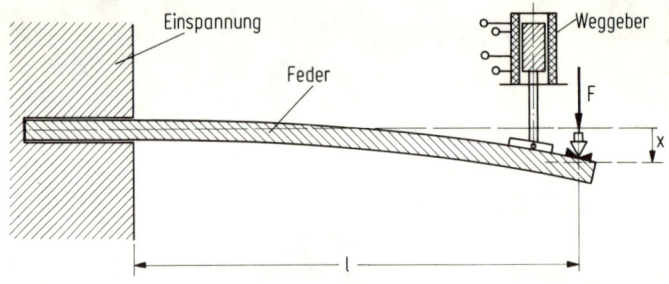

Bild 3.3. Kraftmesser mit Blattfeder

Die Kraft F erzeugt an der Biegefeder einen Ausschlag x, der von einem
induktiven Abgriff in eine elektrische Größe umgeformt wird. Der Ausschlag x ist bestimmt durch das Moment F·l, das auf den Biegebalken
wirkt. Soll die Kraft F gemessen werden, muß dafür gesorgt werden, daß
der Hebelarm l bei den Messungen unverändert bleibt. Dazu muß die Kraft
in einer Richtung, hier in der Vertikalen, und in definiertem Abstand l
von der Einspannung angreifen. Die Feder muß im Gehäuse so eingespannt
sein, daß die aktive Länge l sich im Betrieb nicht ändert.

Der Konstrukteur wird z.B. die Kanten des Gehäuses in der Einspann-
platte scharf ausbilden und dafür hartes Material verwenden. Der Ein-
leitungspunkt wird als Schneidenlager in eine Pfanne ausgebildet und
dadurch für eine definierte Krafteinleitung gesorgt.

Der Biegebalken wird nur zur Gewichtsbestimmung verwendet. Gewichts-
kräfte greifen nur in der Vertikalen an. Die Feder muß so konstruiert
sein, daß an keiner Stelle das Material über den zulässigen Bereich hinaus beansprucht wird. An der Einspannstelle ist das Biegemoment am größten,
die Konstruktion sieht an dieser Stelle auch den größten Querschnitt
der Feder vor.

Angaben über die Federeigenschaften von Werkstoffen liegen als gemessene
Werte vor. Die wichtigsten Eigenschaften sollen im folgenden kurz besprochen werden. Beansprucht man einen zylindrischen Stab der Länge 1
und dem Querschnitt q mit einer Kraft F in Richtung der Achse, ändert
sich die Länge um $\Delta 1$. Das Verhältnis $\varepsilon = \frac{\Delta 1}{1}$ bezeichnet man als Dehnung.
Zwischen Kraft und Dehnung besteht für kleine Dehnungen ein linearer
Zusammenhang, das Hookesche Gesetz

$$\boxed{\frac{F}{q} = \sigma = E \cdot \varepsilon} \; . \tag{3.1}$$

Das Verhältnis $\frac{F}{q}$ wird als Spannung σ bezeichnet. Der Proportionalitätsfaktor zwischen Spannung und Dehnung ist der Elastizitätsmodul E. Ein
typisches Spannungs-Dehnungs-Diagramm für Metalle zeigt Bild 3.4. Mit
wachsender Spannung nimmt die Dehnung zunächst zu. Jenseits der Fließgrenze σ_F nimmt die Dehnung rasch zu, bis bei der Bruchdehnung ε_B der
Stab bricht. Liegt am Stab eine Spannung und nimmt man diese Spannung
bis auf 0 zurück, folgt man dem im Bild gestrichelt gezeichneten Verlauf. Bei der Spannung 0 bleibt eine Restdehnung oder plastische Dehnung
ε_R zurück.

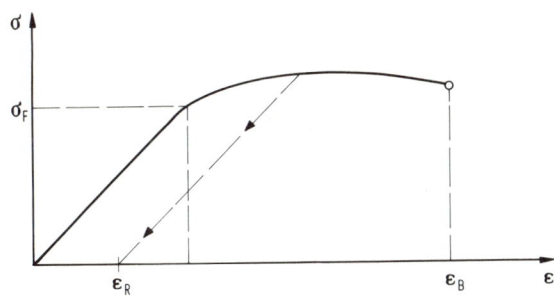

Bild 3.4. Spannungs-Dehnungsdiagramm für Metalle, schematisch

In der Meßtechnik werden die Federn so ausgelegt, daß die auftretenden
maximalen Spannungen weit unter der Fließgrenze liegen. Als Federmaterial wird oft Stahl mit einem E-Modul von etwa 200 kN/mm² verwendet.
Die Fließgrenze σ_F von hochfesten Stählen liegt bei etwa 1 kN/mm². Das

entspricht zulässigen Dehnungen von etwa $\varepsilon = 10^{-3}$. In diesem Bereich gilt das Hookesche Gesetz hinreichend genau.

Der Elastizitätsmodul aller Werkstoffe ist temperaturabhängig. Für kleine Temperaturbereiche läßt sich der Zusammenhang angeben durch

$$E(\theta_2) = E(\theta_1) \cdot \left\{ 1 + \beta (\theta_2 - \theta_1) \right\} \qquad . \qquad (3.2)$$

Der Temperaturkoeffizient β ist negativ und liegt in der Größenordnung von $-5 \cdot 10^{-3} K^{-1}$. Stähle mit hohem Nickelgehalt können in kleinen Temperaturbereichen einen verschwindenden oder sogar positiven Temperaturkoeffizienten aufweisen.

Eine weitere Materialeigenschaft muß beachtet werden: das Kriechen. Belastet man einen Federkörper mit konstanter Last, so bleibt die Dehnung nicht unverändert, sondern nimmt im Laufe der Zeit zu ("Zeitdehnung" (Bild 3.5a). Beim Entlasten federt der Werkstoff um die sogenannte Entlastungsdehnung zurück. Für kleine Belastungen ist die Entlastungsgleich der Belastungsdehnung.

Nach der Entlastungsdehnung setzt die Rückdehnung ein, die nach einiger Zeit die Dehnung fast auf Null zurückführt.

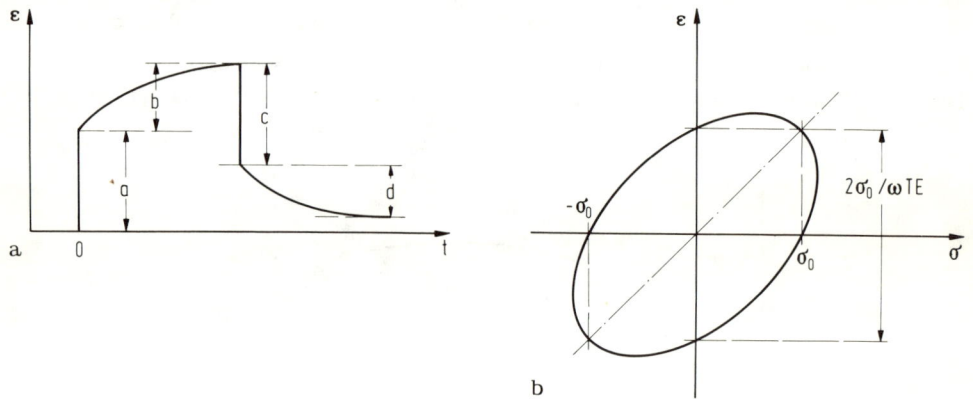

Bild 3.5a. Das Kriechen, schematisch. a) Belastungsdehnung,
              b) Zeitdehnung, c) Entlastungsdehnung, d) Rückdehnung
         b. Hysteresisschleife nach dem linearen Modell

Die Vorgänge lassen sich annähernd durch ein lineares Modell beschreiben

$$\varepsilon(t) = \frac{1}{E} \left\{ \sigma(t) + \frac{1}{T} \int_{o}^{t} \sigma(t) dt \right\} , \quad \sigma(t) = 0 \text{ für } t < 0 .$$

Der Hauptteil der Dehnung folgt momentan einer Spannungsänderung, ein
kleinerer Teil hängt vom Spannungsverlauf in der Vergangenheit ab. Dieser letztere Teil, das Kriechen, ist einem Faktor 1/T proportional. Die
Zeitkonstante T umfaßt in dieser einfachen Beschreibung alle Kriech-
eigenschaften des Werkstoffes. Im Laplace-Bereich gilt

kriechen

$$\varepsilon(s) = \frac{\sigma(s)}{E} \frac{sT + 1}{sT} \quad . \quad = \frac{\sigma(s)}{E}\left(1 + \frac{1}{sT}\right) \tag{3.3}$$

Wird die Feder einer Spannung $\sigma(t) = \mathrm{Re}\left\{\sigma_o e^{j\omega t}\right\}$ unterworfen, wird nach
Gl. (3.3) die Dehnung

$$\varepsilon(t) = \mathrm{Re}\left\{\frac{\sigma_o}{E} \frac{j\omega T+1}{j\omega T} e^{j\omega t}\right\} \quad .$$

Im Spannungs-Dehnungsdiagramm lassen sich beide Zeitfunktionen als Para-
meterdarstellung einer Kurve mit dem Parameter t betrachten. Wird t
eliminiert, so ergibt sich eine Hysteresisschleife (Bild 3.5b):

$$\varepsilon = \frac{1}{E}\left\{\sigma \pm \frac{\sigma_o}{\omega T}\sqrt{1 - \left(\frac{\sigma}{\sigma_o}\right)^2}\right\} \quad .$$

Die Breite der Schleife ($\sigma=0$) ist $2\sigma_o/ET\omega$, ein Ergebnis, das die tatsächlichen Verhältnisse im wesentlichen wiedergibt.

3.3 Feder und Weggeber als Kraftmesser

3.3.1 Das Zusammenwirken von Federn und Weggebern

Wie oben gezeigt wurde, wandeln Federn Kräfte im Wege oder Dehnungen um,
die mit den Gebern vom (Abschnitt 3.2) in ein elektrisches Signal umgeformt werden können. Bilder wie 3.2 als Wirkungsbild geben nur die Si-
gnalwandlung wieder; Probleme, die beim Zusammenspiel von Feder und Weggeber entstehen, können damit nicht deutlich gemacht werden.

Wir studieren die Verhältnisse an einem konkreten Beispiel (Bild 3.6a).
Die Kraft F wird in der Ringfeder in den Ausschlag x_1 umgeformt. Über
eine Hebelübersetzung wird der Ausschlag x_1 in einen Ausschlag x_2,
$x_2 = a \cdot x_1$, überführt. Dieses einfache Bild gilt aber nur für einen Weg-

messer, der zu seiner Aussteuerung keinerlei Kraft benötigt. Um den Wegmesser zu betätigen, muß eine Kraft $R(x_2)$ aufgebracht werden, die, entsprechend übersetzt, der Meßkraft entgegenwirkt (Bild 3.6b).
Es gilt

$$x_2 = a x_1$$

$$F - a R(x_2) = c x_1$$

und damit als Beziehung zwischen der Ausgangsgröße x_2 und der Kraft F:

$$x_2 = \frac{a}{c} F \left\{ 1 - \frac{a R(x_2)}{F} \right\} . \tag{3.4}$$

F_e sei der gewünschte Kraftmeßbereich, x_{2e} der notwendige Ausschlag zur
Aussteuerung des Weggebers. Dann ist $x_{2e} \approx \frac{a}{c} F_e$. Damit folgt aus Gl. (3.

$$x_2 = \frac{x_{2e}}{F_e} F \left\{ 1 - \frac{x_{2e}}{F_e} \cdot \frac{c R(x_2)}{F} \right\} . \tag{3.5}$$

Um den relativen Fehler   *rel Fehler*

$$\frac{x_{2e}}{F_e} \frac{c \cdot R(x_2)}{F}$$

klein zu halten, muß der einzig freie Parameter, die Federkonstante c,
genügend klein gewählt werden. Bei gegebenen F_e legt dann die Ringfeder
im Meßbereich große Wege zurück.

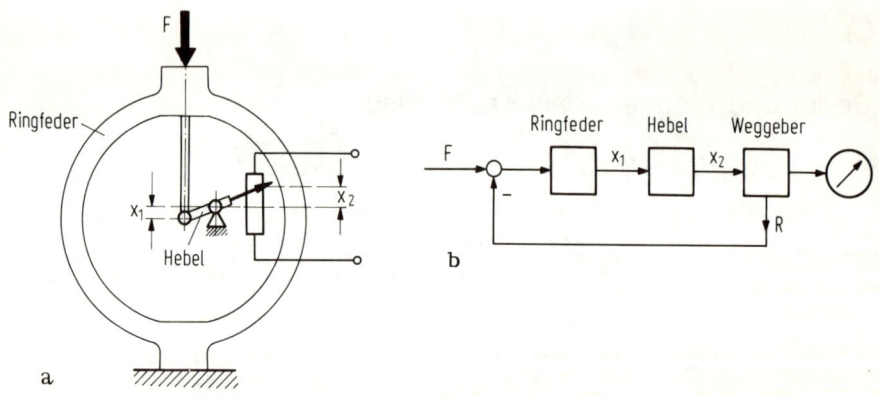

Bild 3.6. Kraftgeber mit Ringfeder. a) Aufbau, schematisch,
b) Blockschaltbild, R Gegenkraft im Weggeber

Der relative Fehler hat noch eine andere sehr anschauliche Deutung:

Die in der Ringfeder bei Vollausschlag <mark>gespeicherte Energie</mark> ist

$$W_F = \int_{x_1=0}^{x_{1e}} F \cdot dx_1 = \frac{c x_{1e}^2}{2} = \frac{F_e^2}{2c} .$$

$c = $ Feder konstante

Die Energie zur Betätigung des Weggebers über den Meßbereich ist

$$W_w = \int_{o}^{x_{2e}} R(x_2) dx_2 = \overline{R} \cdot x_{2e} = \beta \cdot R(x_{2e}) x_{2e} .$$

β gibt Zusammenhang an zwische $\overline{R}$ und $R(x_{2e})$
(3.6)
$\beta = 1$ bei Potentiometern

Dabei ist $\overline{R}$ die mittlere Kraft über den Meßbereich und β ein Koeffizient, der abhängig von $R(x_2)$ den Zusammenhang zwischen der mittleren Kraft $\overline{R}$ und der Kraft $R(x_{2e})$ wiedergibt.

Für den relativen Fehler F_{re} im Endwert gilt

$$F_{re} = \frac{x_{2e} \cdot R(x_{2e}) \cdot c}{F_e^2} = \frac{W_w}{2\beta W_F} = \frac{\beta \overline{R} x_{2e} x_{2e}}{2\beta \overline{F}_e^2 / 2c}$$

(3.7)

Die Dimensionierungsvorschrift läßt sich also auch so angeben:
Die mechanische Energie W_F der Feder muß mindestens 2 Größenordnungen größer als die zur Betätigung des Abgriffs notwendige Energie W_w sein. Bei mechanischer Reibung (z.B. bei Potentiometern) ist $\overline{R} = R(x_{2e})$ und $\beta = 1$.
Die Forderung nach einem großen Arbeitsvermögen $W_F = F_e^2/2c$ der Feder bei gegebenem Meßbereich F_e und nach kleiner Federkonstante bringt für die Konstruktion des Kraftmessers einschneidende Konsequenzen. Die in der Volumeneinheit im Federmaterial speicherbare Energie E_F ist nach oben beschränkt und durch die Fließgrenze des Materials bestimmt. Schreibt man die Federenergie W_F vor und legt man die Feder auf gleichmäßige Beanspruchung aus, so gilt: $W_F = E_F \cdot V$. Großes Arbeitsvermögen bedingt demnach zwangsläufig eine große Feder und einen hohen Werkstoffverbrauch.

Für Kraftmessungen, die fast wegelos erfolgen sollen, für die Messung von kleinen Kräften und für Kraftmesser mit beschränktem Bauvolumen, sind damit Wegmessverfahren besonders geeignet, die zur Durchsteuerung über den Meßbereich hinweg wenig Energie brauchen.

Potentiometer:

$$W_w = \int_{o}^{\ell_e} R(t) \cdot d x_{\ell} = \overline{M}_r \cdot \ell_e = \mu(\ell_e) \cdot \ell_e$$

Reibungsmoment

3.3.2 Beispiele von Kraftmessern

Bild 3.7 zeigt einen Drehmomentmesser mit einem Potentiometer als Abgriff. Als Feder dient eine Schraubenfeder, die beide Wellen miteinander verbindet und das Moment überträgt. Die Schraubenfeder ist mecha-
nisch gleichmäßig beansprucht. Der Bereich des Drehwinkels ist groß und
durch das Potentiometer gegeben. Robuste Potentiometer brauchen zur
Durchsteuerung viel Energie. Die Fehlergrenzen der Anordnungen können
bei etwa 1 % liegen.

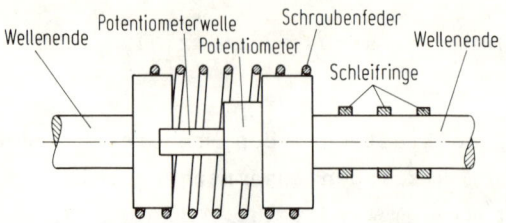

Bild 3.7. Drehmomentgeber

Bild 3.8 zeigt ein Dynamometer mit Ringfeder und Transformatorgeber.

Ringfedern werden bei radialer Krafteinleitung ungleichmäßig beansprucht.
Schon bei kleinen Wegen wird im Werkstoff an exponierten Stellen die
Fließgrenze erreicht. Ein geber, der sich mit wenig Kraft durchsteuern
läßt, wie z.B. ein Transformatorgeber, ist erforderlich. Relative Fehler
bis herab zu 1/2 % sind erreichbar.

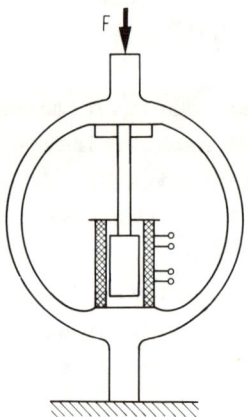

Bild 3.8. Kraftgeber mit Ringfeder

Bild 3.9 zeigt eine sogenannte Kraftmeßdose mit Dehnungsmeßstreifen, wie
sie in der elektronischen Wägetechnik verwendet wird. Als Feder dient

ein dünnwandiger Hohlzylinder, der auf dem Umfang verteilt, mehrere Dehnungsmeßstreifen trägt. Die eine Hälfte nimmt die Längsdehnung $\varepsilon_L = F/AE$
die andere Hälfte die Querdehnung $\varepsilon_Q = -\mu F/AE$ auf.

Man schaltet mehrere Streifen in einer Brücke zusammen. Dadurch werden
Temperaturfehler weitgehend ausgeschaltet und ungleichmäßig verteilte
Spannungen am Umfang des Zylinders gemittelt. Die Gewichtskraft wird
mit Hilfe einer ebenen gehärteten Platte eingeleitet. Diese Platte drückt
auf eine gehärtete Kalotte, die als Druckstück ~~oder~~ auf der Dose sitzt.
So ist dafür gesorgt, daß die Kraft an der Zylinderachse angreift. Eine
Membran, die mit dem festen Gehäuse verbunden ist, schützt den Hohlzylin-
der vor Beschädigungen durch Schubkräfte in horizontaler Richtung.

Die mechanische Belastung des Federwerkstoffes wird gering gehalten, um
sicher im Hookeschen Bereich zu bleiben. Dehnungsmeßstreifen benötigen
zur ~~Drucksteuerung~~ wenig Energie.

Einige Daten, die von Präzisionsmeßdosen mit Dehnungsmeßstreifen erreicht werden: Abweichung von der Linearität $< 10^{-3}$, Hysteresis $< 10^{-3}$,
Temperaturkoeffizient $< 10^{-4}$/K, Wege um 10^{-1}mm.

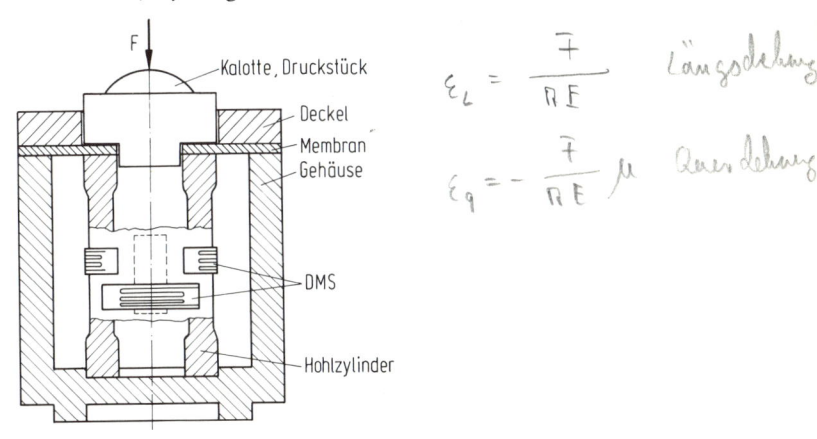

$$\varepsilon_L = \frac{F}{AE} \qquad \text{Längsdehnung}$$

$$\varepsilon_Q = -\frac{F}{AE}\mu \qquad \text{Querdehnung}$$

Bild 3.9. DMS-Kraftmeßdose

3.3.3 Einbaumaßnahmen für Kraftmesser

Im Abschnitt 3.2 wurde die Bedeutung der Krafteinleitung hervorgehoben. Bei
der praktischen Verwendung von Dynamometern führen diese Probleme zu
Regeln für Einbaumaßnahmen, von denen einige hier angeführt werden
sollen.

Kraftmesser sind sehr empfindlich gegen Störmomente. Betrachten wir
einen exzentrischen Kraftangriff an einer Kraftmeßdose (Bild 3.10).
Die Dehnung ist $\varepsilon_D = \frac{\sigma}{E} = \frac{F}{\pi r^2 \cdot E}$. Bei einer Einleitung der Kraft im Ab-

stand 1 vom Zentrum tritt eine Biegedehnung

$$\varepsilon_B = \frac{F \cdot 1}{E \cdot W} = \frac{4\ F \cdot 1}{\pi r^3 \cdot E}$$

auf (W Widerstandsmoment). Das Verhältnis der Dehnungen ist $\frac{\varepsilon_B}{\varepsilon_D} = 4\frac{1}{r}$.
Bei 1/r = 1/4 ist die resultierende Spannung auf der dem Kraftangriffs-
punkt gegenüberliegenden Mantellinie bereits Null.

Wird, um die Kraft zu messen, an einer Stelle des Umfangs die Dehnung
erfaßt, wird man immer einen Teil der Biegedehnung abhängig von der
Exzentrizität 1 der Krafteinleitung messen. Abhilfe schaffen mehrere
auf den Umfang verteilte Dehnungsmeßstreifen. Die Biegedehnung wird
so herausgemittelt. Wichtig bleibt die Forderung, die Kraft möglichst
im Zentrum einzuleiten. Störende Momente entstehen auch dann, wenn die
Kraftrichtung nicht mit der Achsenrichtung zusammenfällt.

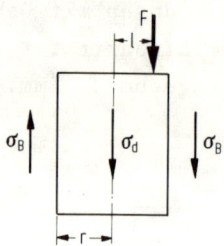

Bild 3.10. Störmoment an der Kraftmeßdose

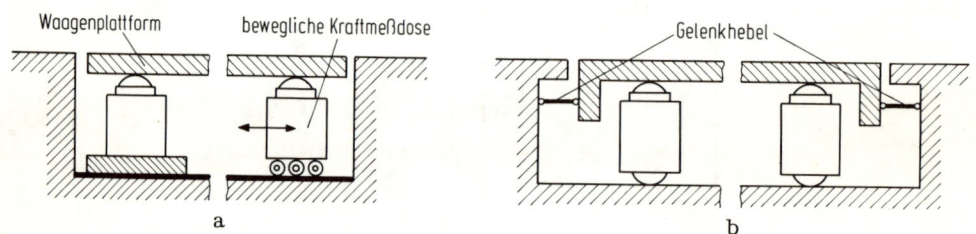

Bild 3.11. Geeignete Einbaumaßnahmen von Kraftmeßdosen unter
           einer Waagenplattform, um den Einfluß störender
           Seitenbewegungen zu vermindern

Auch beim Einbau einer Kraftmeßdose unter eine Waagenplattform, die an
sich eine senkrechte Krafteinleitung im Zentrum der Dose verspricht,
entstehen durch die unterschiedliche Temperaturdehnung der Plattform
und des Fundaments Störmomente. Abhilfe schafft eine Anordnung, die den
Dosen auf einer Seite der Plattform eine ungehinderte seitliche Bewegung erlaubt (Bild 3.11a). Eine Konstruktion, die allen Dosen seitliche
Bewegung ermöglicht, zeigt Bild 3.11b.

3.4 Piezoelektrische Geber   *(dynamische Kraft messer)*

Als piezoelektrisch bezeichnet man einen Werkstoff mit der Eigenschaft,
abhängig von seiner mechanischen Verformung elektrische Polarisation
zu zeigen. Eingangsgröße für piezoelektrische Geber ist die Verformung,
Ausgangsgröße ist die elektrische Polarisation, die als Kondensatorspannung gemessen und weiter verarbeitet werden kann. Ist im Werkstoff
ein elektrisches Feld E vorhanden, so setzt sich die Polarisation P aus
dem durch dieses Feld hervorgerufenen Teil und dem durch die mechanische Spannung σ verursachten Teil zusammen

$$P = a \cdot \sigma + \kappa \cdot E \ . \qquad \kappa = \varepsilon - 1 \tag{3.8}$$

mech. Spannung → ☐ → *elekt. Polarisation*

κ ist die elektrische Suszeptibilität, a eine Konstante, die vom Werkstoff abhängig ist.

Der umgekehrte Effekt tritt auch auf: ein elektrisches Feld E in einem
piezoelektrischen Werkstoff bewirkt eine Dehnung. Wirkt auf das Material außerdem eine mechanische Spannung σ, so ergibt sich die Gesamt-
dehnung ε zu

$$\varepsilon = \frac{\sigma}{E_m} + a \cdot E \ . \tag{3.9}$$

E_m ist hier der Elastizitätsmodul. Der Faktor a ist derselbe wie in
Gl. (3.8). Der Beweis läßt sich unter der Annahme, daß die Vorgänge
reversibel erfolgen, mit Hilfe der Thermodynamik ganz allgemein und
unabhängig von einem speziellen Werkstoff führen.

In einem Körper mit der Polarisation P ändert sich mit einer Feldände-
rung dE die gespeicherte Energie um $P \cdot dE = \kappa E \cdot dE$. Im piezoelektrischen
Werkstoff wird ein Teil dieser Energie zur mechanischen Verformung ver-
braucht. Einem elektrischen Feld E entspricht nach Gl. (3.9) eine Dehnung aE. Die Dehnung ist der Wirkung einer mechanischen Spannung $\sigma = aE \cdot E_m$
äquivalent. Die Änderung der mechanischen Energie dW aufgrund von dE
errechnet sich damit zu

$$dW = \sigma d\varepsilon = a^2 E_m \ E \cdot dE \ .$$

Für viele piezoelektrische Anwendungen ist das Verhältnis des in mechanische Energie umgewandelten Teils zur gesamten umwandelbaren Energie wichtig. Deshalb führt man einen Kopplungskoeffizienten K ein.

$$K^2 = \frac{a^2 E_m E \cdot dE}{\kappa E \cdot dE} = \frac{a^2 E_m}{\kappa} \approx \frac{a^2 E_m}{\varepsilon_0 \varepsilon} .$$

dW_m (overbrace on numerator)

dW_P (underbrace on denominator)

ε rel. Dielektr. Konstante

(3.10)

Bei einigen piezoelektrischen Werkstoffen werden heute Kopplungskoeffizienten von 0,6 erreicht.

Nur wenige Materialien zeigen piezoelektrische Eigenschaften. Als erste Gruppe sind Materialien aufzuzählen, bei denen die Elementarzelle des Raumgitters kein Symmetriezentrum aufweist. Die Operation r→-r darf also keine Deckungsoperation sein. Dazu gehört z.B. der oft verwendete Quarz (SiO_2), der in sechsseitigen Prismen kristallisiert. Eine andere Klasse von Stoffen, die Ferroelektrika, haben eine Elementarzelle mit Symmetriezentrum, das jedoch durch spontane Polarisation im Werkstoff verloren gegangen ist. Durch die sehr hohen elektrischen Felder der spontanen Polarisation wird die ursprüngliche Symmetrie empfindlich gestört, die Stoffe zeigen auch piezoelektrische Eigenschaften. Ein wichtiger Vertreter der Ferroelektrika mit piezoelektrischen Eigenschaften ist das Bariumtitanat.

Die obigen Beziehungen zwischen mechanischer Spannung σ, elektrischer Feldstärke E, elektrischer Polarisation P und der Dehnung ε sind tensorielle Beziehungen. Auf eine eingehendere Beschreibung wird hier verzichtet. An Hand der Struktur einer Quarzelementarzelle (Bild 3.12) soll jedoch der piezoelektrische Effekt erklärt werden.

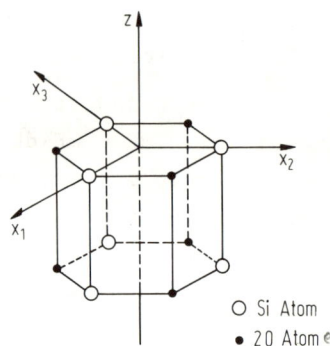

Bild 3.12. Silizium- und Sauerstoffatome im Quarzkristall

Wir denken uns die Elementarzelle in x_1-Richtung einer mechanischen Spannung ausgesetzt. Aufgrund der Dehnung ε_{x_1} verändern die Silizium- und Sauerstoffatome ihre Lage zueinander. Der Abstand unmittelbar benachbarter Atome bleibt jedoch in erster Näherung unverändert, da die

Lage eines Atoms überwiegend von der wechselseitigen Kraftwirkung unmittelbar benachbarter Atome abhängt.

Die Silizium- und die doppelten Sauerstoffatome liegen ohne mechanische Beanspruchung in gleichem Abstand zueinander auf einem Kreis (Bild 3.13). Bei einer Längenänderung δy_1 verformt sich der Kreis zu einer Ellipse, auf der die Atome oder Atomgruppen wieder in gleichem Abstand zueinander liegen.

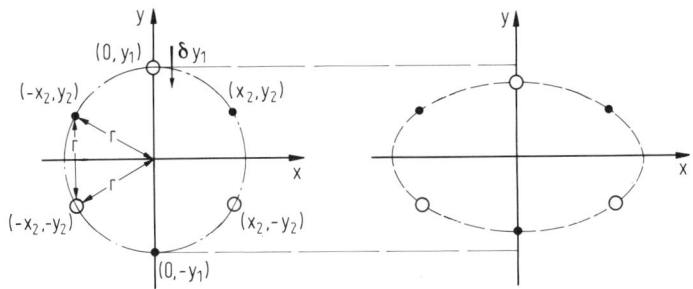

Bild 3.13. Elementarzelle von Quarz bei einer Verformung

Im Quarz ist die Ladung eines Si-Atoms +4e, die der beiden Sauerstoffatome -4e. Die elektrische Polarisation, der Quotient aus Dipolmoment und Volumen,

$$\vec{P} = \frac{1}{V} \sum_{i=1}^{6} Q_i \vec{r}_i$$

ist im unbelasteten Zustand gleich Null. Am einfachsten wird $\vec{r}_i$ vom Zentrum der Zelle aus gerechnet. Wird das Siliziumatom an der Stelle $(0,r)$ und entsprechend die beiden gegenüberliegenden Sauerstoffatome an der Stelle $(0,-r)$ jeweils um δy_1 bewegt, so gilt für die Verschiebungen mit den Voraussetzungen

$$x_2^2 + (y_1 - y_2)^2 = r^2 \quad \text{und} \quad 2y_2 = r \quad \text{folgendes:}$$

$$2x_2 \delta x_2 + 2(y_2 - y_1)\delta y_2 + 2(y_2 - y_1)\delta y_1 = 0$$

$$\delta y_2 = 0 \quad .$$

Das Dipolmoment wird

$$M = 8e \, \delta y_1 \ .$$

Das Volumen der Elementarzelle ist proportional $r^2 \cdot 1$; dabei ist 1 die Dicke der Elementarzelle. Damit wird die Polarisation

$$P \sim \frac{8e\delta y_1}{r^2 1} = \frac{4e}{r1} \cdot \varepsilon_y \ .$$

Polarisation und Dehnung haben die gleiche Richtung; dies bezeichnet man als den Longitudinaleffekt(Bild 14a).

Analog dazu erhält man bei einer Dehnung in x-Richtung

$$P \sim - \frac{4e}{r1} \cdot \varepsilon_x \ .$$

Die Richtung der Dehnung steht senkrecht zur Richtung der Polarisation; dies bezeichnet man als den Transversaleffekt (Bild 14b). Longitudinal- und Transversaleffekt haben den gleichen Betrag, aber verschiedenes Vorzeichen.

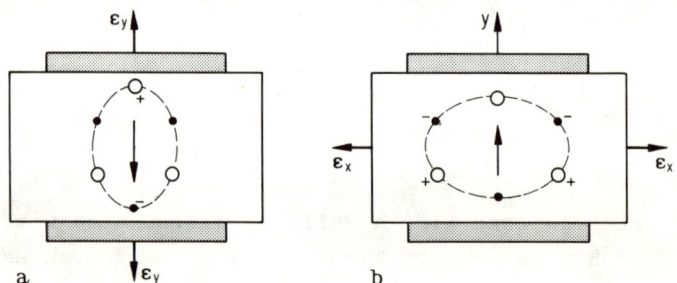

Bild 3.14. Piezoeffekt bei Quarz
            a) Longitudinaleffekt, b) Transversaleffekt

Piezoelektrische Geber sind aktive Geber. Die durch die Verformung er-zielte Polarisation ergibt eine Oberflächenladung Q, die als Spannung

$$U = \frac{Q}{C} = \frac{P \cdot A}{C} = \frac{P \cdot d}{\varepsilon_0 \varepsilon}$$

an aufgedampften Elektroden gemessen wird. Dabei ist C die Kapazität des Gebers mit $\varepsilon_0 \varepsilon$ als Dielektrizitätskonstante und d als Elektroden-abstand. Theoretisch ist der Effekt beträchtlich groß. Bei Quarz er-

hält man bei günstiger Orientierung für den transversalen Effekt bei
einem Würfel von 1cm Kantenlänge und einer mechanischen Spannung von
100 N/cm² etwa 500 V. Diese Empfindlichkeit wird in der Praxis jedoch
nicht erreicht, weil das Meßkabel selbst eine im Verhältnis zum Geber
große Kapazität aufweist.

Piezoelektrische Geber sind für statische Messungen ungeeignet. Die
Kondensatorspannung müßte in diesem Fall stromlos gemessen werden.
Hauptanwendungsgebiet ist daher das weite Gebiet der dynamischen Messungen (Vibration, periodische Vorgänge). Piezoelektrische Geber zeich-
nen sich durch sehr hohe Grenzfrequenzen aus. Mit Operationsverstärkern,
die als Spannungsverstärker mit hohem Eingangswiderstand geschaltet sind,
läßt sich die Anwendung von piezoelektrischen Gebern auf Messungen, die
im Sekundenbereich verlaufen, ausdehnen. Bild 3.15 zeigt als Beispiel
eines piezoelektrischen Gebers einen Beschleunigungsmesser.

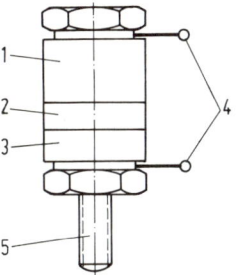

Bild 3.15. Piezoelektrischer Beschleunigungsmesser
            1 = Messingscheibe der Masse m, 2 = Bariumtitanat-
            scheibe, 3 = Messingscheibe, 4 = Anschluß des Meß-
            kabels, 5 = Bolzen; $F = m\ddot{x}$

Es wird die Trägheitskraft $m\ddot{x}$ der bekannten Masse m gemessen. Diese
Masse ist gleichzeitig die eine Elektrode für die dünne $BaTiO_3$-Scheibe.
Auf der anderen Seite der Scheibe ist die zweite Elektrode angebracht.
Der Geber wird fest mit dem zu untersuchenden Bauteil verbunden. Einige
Daten für solche Geber: Empfindlichkeit $0{,}5 \cdot 10^{-12} C/ms^{-2}$, Temperatur-
koeffizient $1{,}5 \cdot 10^{-3}/K$, Bereich $10^4 \, ms^{-2}$, Grenzfrequenz 20 kHz.

Das Ersatzschaltbild eines piezoelektrischen Gebers ist eine Spannungsquelle an einem Kondensator, dessen Kapazität C der des Gebers entspricht
(Bild 3.16). Die Kabelkapazität sei C_k. Der ohmsche Widerstand des Ka-
bels und der Eingangswiderstand des Verstärkers ist im Widerstand R berücksichtigt. Die Ausgangsspannung wird bei harmonischer Eingangsspan-
nung $U_e = U \, e^{j\omega t}$

$$U_a = U_e \; \frac{j\omega CR}{j\omega (C+C_k) R+1} \quad .$$

Ist $\omega(C+C_k) \gg 1$ wird die Ausgangsspannung U_a frequenzunabhängig

$$U_a = U_e \frac{C}{C+C_k} \quad .$$

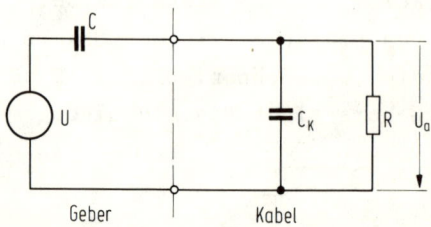

Bild 3.16. Ersatzschaltbild für piezoelektrische Geber

4. Druck- und Niveaumessung

4.1 Grundlagen und Einheiten

Der Druck p ist eine der Größen, die den Zustand eines Fluids beschreiben. Unter dem Begriff Fluide werden Gase und Flüssigkeiten zusammengefaßt; Stoffe, die einer Formänderung ohne Volumenänderung keinen oder nur geringen Widerstand entgegensetzen. Der Druck p beschreibt die Kraft in Richtung der Flächennormale, die ein Fluid auf eine Fläche ausübt.

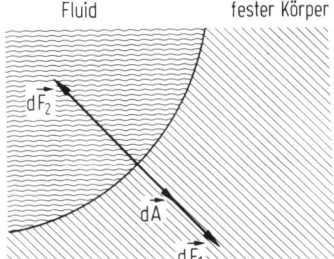

Bild 4.1. Druckkraft auf ein Flächenelement

Ist die Flächennormale $\vec{n}$ vom Fluid weggerichtet (Bild 4.1), so ist die Kraft $d\vec{F}_1$ des Fluids in Richtung der Normalen $\vec{n}$ gegeben durch $d\vec{F}_1 = p d\vec{A}$. Die in der Fläche $d\vec{A}$ entstehende Reaktionskraft (actio = reactio) ist $d\vec{F}_2 = - d\vec{F}_1 = - p d\vec{A}$.

Bei strömenden Fluiden greifen neben den Druckkräften auch tangentielle Kräfte am Flächenelement $d\vec{A}$ an. Da Fluide Formänderungen ohne Volumenänderung nur geringen Widerstand entgegensetzen, sind diese tangentiellen Kraftkomponenten im allgemeinen klein.

Im Fall der Hydrostatik, d.h. wenn kein Strömungsfeld vorhanden ist, wirken auf eine Fläche nur Druckkräfte; tangentielle Kräfte, die eine Bewegung bewirken, treten nicht auf.

Im Schwerefeld der Erde erfährt ein Fluid der Dichte ρ mit dem Volumen V

und der Oberfläche A die Schwerkraft $\int \rho \cdot \vec{g} \cdot dV$ in Richtung der Erdbeschleunigung $\vec{g}$. Im statischen Zustand steht die Schwerkraft im Gleichgewicht mit der an der Oberfläche A auf das Volumen V ausgeübten Druckkraft $- \int_A p d\vec{A}$

$$\int_V \rho \, \vec{g} \, dV - \int_A p \, d\vec{A} = 0 \,. \tag{4.1}$$

Mit Hilfe des Gaußschen Satzes läßt sich das Flächenintegral in ein
Volumenintegral überführen

$$\int_V \rho \, \vec{g} \, dV = \int_V \mathrm{grad}\, p \, dV \,.$$

Diese Beziehung gilt für beliebige Volumina. Daher gilt

$$\rho \, \vec{g} = \mathrm{grad}\, p \,. \tag{4.2}$$

Die Integration von Gl. (4.2) von der Höhe h_1 zur Höhe h_2 ergibt mit
$g = |\vec{g}|$ die Grundgleichung der Hydrostatik (Bild 4.2)

$$\rho \int_{h_1}^{h_2} \vec{g} \cdot d\vec{s} = -\rho g (h_2 - h_1) = p_2 - p_1 \,. \tag{4.3}$$

Die Flächen konstanten Druckes verlaufen horizontal. Die Beziehung ist
auch als Gesetz der kommunizierenden Röhren bekannt, sie bildet die
Grundlage für unmittelbare Druckmeßverfahren, z.B. für das U-Rohr-Manometer (Bild 4.2).

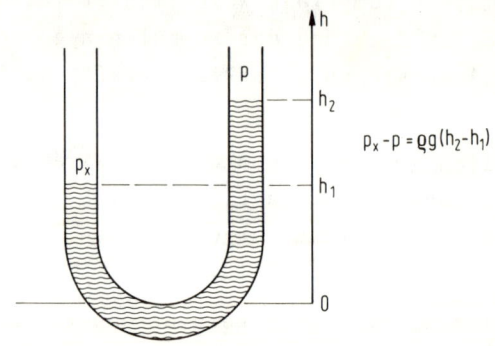

Bild 4.2. U-Rohrmanometer

Im U-Rohr-Manometer wird bei bekannter Erdbeschleunigung g und bekannter

$$p = g R T$$

Dichte ρ der Manometer-Füllflüssigkeit die Druckmessung auf eine Längenmessung zurückgeführt. Gl. (4.3) macht deutlich, daß die Druckmessung
eine Druckdifferenzmessung ist. Der Druck im Meßstoff wird gegen einen
Bezugsdruck, den Atmosphärendruck, gemessen.

Die hydrostatische Grundgleichung (4.3) kann umgekehrt auch zur Niveaumessung oder Flüssigkeitsstandmessung benutzt werden. Wird die Druckdifferenz p_x-p gemessen, liegt bei bekannter Dichte die Höhe h des Meßstoffes fest. Darauf beruht ein Standardverfahren für die Messung von
Flüssigkeitsständen in der Verfahrensindustrie.

Zur Eichung von Druckmeßgeräten werden häufig Gefäßmanometer (Bild 4.3)
verwendet, bei denen im Gegensatz zu U-Rohr-Manometern nur die Höhe
eines Flüssigkeitsspiegels zu erfassen ist.

Zählt man h_1 und h_2 von einem Nullniveau aus, das durch den Druck $p=p_x$
gegeben ist, wird, weil das Volumen der Füllflüssigkeit unverändert
bleibt

$$-h_1 \cdot A_1 = h_2 \cdot A_2 \; ;$$

h_1 eliminiert ergibt mit Gl. (4.3), $p_x = p_1$ und $p = p_2$

$$h_2 = \frac{p_x - p}{(1 + \frac{A_2}{A_1}) \, \rho g} \; . \qquad (4.4)$$

Als Füllflüssigkeit für größere Meßbereiche wird wegen seiner hohen Dichte
Quecksilber verwendet, für kleinere Bereiche sind auch Wasser und Al-
kohol üblich.

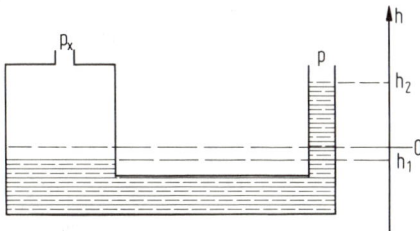

Bild 4.3. Gefäßmanometer

Bei großen Drücken würde die Quecksilbersäule unhandlich lang werden.
In solchen Fällen werden deshalb Kolbenmanometer angewendet (Bild 4.4).

Ein zylindrischer Kolben mit dem Querschnitt A läuft ohne zusätzliche
Dichtung in einer unter Öl stehenden Buchse. Die Druckkraft auf den
Kolben ist nach der Definition des Druckes gleich $(p_x-p)\cdot A$. Diese Druck-
kraft wird im Gleichgewicht durch das Gewicht G ausgewogen

$$A(p_x - p) = G \quad . \tag{4.5}$$

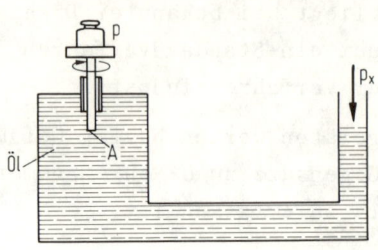

Bild 4.4. Kolbenmanometer

An die Passung Buchse/Kolben werden hohe Anforderungen gestellt, damit
geringe Reibung und gute Dichtung erzielt werden. Der Kolben wird während
des Betriebes in Rotation versetzt, um die größere Haftreibung zu vermeiden.

Gefäß- und Kolbenmanometer sind Geräte, die im Prüffeld und Laboratorium
zur Justierung aller anderen Druckmeßgeräte in Gebrauch sind. Ihre Kennlinie ist durch die Konstruktionsdaten gegeben, als unmittelbare Druckmesser benötigen sie keinen Vergleich mit einem Normal.

Bei der Druckmessung waren bisher viele Einheiten in Gebrauch, die sich
zum Teil aus den Eigentümlichkeiten der Druckmessung mit U-Rohr-Manometer herleiteten. In Zukunft sind im SI-System zwei Einheiten vorgeschrieben:

Das Pascal (Pa)	1 Pa = 1 N/m^2
Das Bar (bar)	1 bar = 10^5 Pa

Zur Umrechnung der alten Einheiten gelten folgende Beziehungen

techn. Atmosphäre	1 at = 1 kp/cm^2 = 0,9807 bar
Torr	1 Torr = 1/760 atm = 1,333 mbar
m Wassersäule	1 mWS = 9807 Pa
mm Quecksilbersäule	1 mm Hg = 1 Torr = 133,3 Pa

Die Standmessung von Flüssigkeiten ist eine besondere Art von Längenmessung. Die Einheiten sind die Längeneinheiten (Abschnitt 2.1).

4.2 Technische Druckmeßgeräte

Von Gefäßmanometern läßt sich auch ein elektrisches Ausgangssignal gewinnen. Der Höhenstand der Flüssigkeitssäule kann zum Beispiel mit Hilfe
von Schwimmern, die den Weicheisenkern eines Differentialtrafos tragen,
in ein elektrisches Signal transformiert werden. Gefäßmanometer mit elektrischem Ausgang finden heute jedoch als Betriebsmeßinstrumente kaum
noch Verwendung. Das Hantieren mit der Füllflüssigkeit ist umständlich,
die Geräteabmessungen sind groß, die Füllflüssigkeit und das Gerät be-
dürfen dauernder Wartung.

Die gebräuchlichen Druckmesser formen in einer D r u c k m e ß z e l l e
den Druck p in eine Kraft F oder auch in einen Ausschlag x um; diese
werden dann mit den Gebern aus Kap. 2 und Kap. 3 in ein elektrisches
Signal umgesetzt (Bild 4.5).

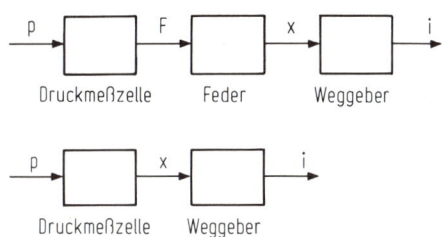

Bild 4.5. Wirkungsablauf in Druckmeßgeräten

Im folgenden werden die wichtigsten Druckmeßzellen besprochen und ihre
Besonderheiten herausgestellt.

4.2.1 Tauchglockenmeßzelle

Die Tauchglockenmeßzelle ist zur Messung von Drücken von etwa 0,1 mbar
bis zu einigen 10 mbar geeignet. Solche kleine Drücke müssen im Feuer-
raum von Verbrennungsanlagen wie technische Öfen, Dampferzeugern, Reak-
tionsöfen gemessen und überwacht werden. Bild 4.6 zeigt den schematischen Aufbau.

Im Innern der Tauchglocke liegt der zu messende Druck p_x. Die Tauchglocke erfährt den Auftrieb

$$F = p_x \cdot A_x - p \cdot A + \left\{ p + \rho g (h_2 + a) \right\} \quad (A - A_x) \; .$$

a ist die Eintauchtiefe der Tauchglocke für $p = p_x$ und A_0 die freie

Oberfläche der Flüssigkeit. Mit Gl. (4.4) für h_2 erhält man

$$F = (p_x - p) \cdot A_x \cdot \frac{1 + \frac{A}{A_o}}{1 + \frac{x}{A_o}} + a(A - A_x)\,\rho g \ . \tag{4.6}$$

Der Auftrieb ist streng linear von der Druckdifferenz p_x - p abhängig.

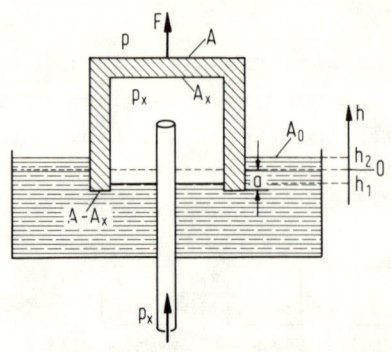

Bild 4.6. Tauchglockenmanometer

Ist die Tauchglocke an einer Meßfeder mit der Federkonstanten c aufge-
hängt, und ist G das Gewicht der Glocke, so errechnet sich der Ausschlag $x + x_o$, x_o für p_x = p, aus

$$F - G = (p_x - p) A_x \frac{1 + \frac{A}{A_o}}{1 + \frac{x}{A_o}} + \rho g(a - x)(A - A_x) - G = c(x + x_o)$$

zu

$$x \left\{ c + g(A - A_x) \right\} = (p_x - p) A_x \frac{1 + \frac{A}{A_o}}{1 + \frac{x}{A_o}} \ . \tag{4.7}$$

Die Querschnittsfläche $(A - A_x)$ der Tauchglocke wirkt bei der Umformung
des Druckes p_x in einen Ausschlag x als zusätzliche Federkonstante. Der
Ausschlag x kann mit den Weggebern des Kapitels 2 in ein elektrisches
Signal umgeformt werden. Gut geeignet ist dafür z.B. der Differential-
transformator.
Die Vorteile der Tauchglocke liegen in der Möglichkeit, kleinste Drücke
zu erfassen und in der Linearität zwischen Eingangs- und Ausgangsgröße.
Bei Überlast wird das Gerät nicht beschädigt, das Gas mit dem Meßdruck

p_x strömt um die Tauchglocke herum in den Außenraum aus. Nachteilig ist die große Masse der Glocke und die damit verbundene Anzeigeverzögerung im Sekundenbereich.

4.2.2 Membranzellen

Membranmeßzellen werden zur Messung von Drücken von 0,1 bis zu einigen bar verwendet. Die Membran, eine dünne Folie aus beschichtetem Gewebe, aus Kunststoff oder Metall, ist am Rand in ein Gehäuse eingespannt. Ihre freie Bewegung unter dem Einfluß des Druckes ist durch eine im Zentrum angreifende Meßfeder oder einen Kraftgeber weitgehend verhindert. Die Membran erreicht ihre Gleichgewichtslage, wenn die resultierende Druckkraft F_p entgesetzt gleich der von der Fesselung im Zentrum herrührenden Gegenkraft F ist (Bild 4.7).

Die Berechnung der Funktion $F = f(p_x)$ ist umfangreich und schwierig. In der Praxis arbeitet man weitgehend mit empirischen Beziehungen. Die wesentlichen Membraneigenschaften lassen sich jedoch am Beispiel einer schlaffen Membran zeigen. Eine schlaffe Membran besitzt keine Biegesteifigkeit und keine meßbare Längsdehnung. Die Membran habe den Radius R, in der Mitte sei sie durch den Membranteller vom Radius $(1 - \varepsilon)R$ versteift (Bild 4.8)

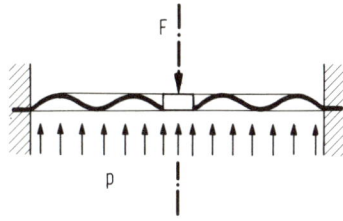

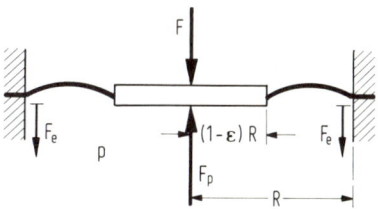

Bild 4.7. Membran   Bild 4.8. Schlaffe Membran

Um die Rechnung zu vereinfachen wird angenommen, daß $\varepsilon \ll 1$. In der Membran treten dann Spannungen nur in den durch die Symmetrieachse gehenden Ebenen auf, die Aufgabe kann als ebenes Problem behandelt werden. Die vom Druck p auf die Membranfläche ausgeübte Kraft F_p beträgt $\pi R^2 p$ und ist unabhängig von der Formgebung der Membran. Dies zeigt sich aus folgender Überlegung:

Für eine beliebige geschlossene Fläche A ist $\oint_A d\vec{A} = 0$. Denkt man sich eine geschlossene Fläche aus zwei Teilflächen, wobei die untere Teilfläche die - wie auch immer geformte - Membran mit der Fläche A_1, die obere eine Kreisscheibe mit der Fläche A_2 und dem Radius R sei, so gilt $\int\limits_{A_1} d\vec{A} + \int\limits_{A_2} d\vec{A} = 0$. Es ist $\int\limits_{A_i} p\, d\vec{A} = p \int\limits_{A_i} d\vec{A}$ und damit

$$|\int\limits_{A_1} p\, d\vec{A}| = |\int\limits_{A_2} p\, d\vec{A}| = p\, \pi\, R^2\ .$$

Nicht die gesamte Druckkraft F_p wird von der Gegenkraft im Zentrum F kompensiert. Ein Teil von F_p wird durch die an der Einspannung entstehende Kraft F_e aufgefangen. Diese kann aber nicht vernachlässigbar klein gehalten werden, wie dies bei den Reibungskräften im Kolbenmanometer möglich war. Im Kräftegleichgewicht zwischen der Druckkraft F_p, der Meßkraft F und der Einspannkraft F_e gilt: $F_p = F + F_e$.

Ein Flächenelement der Länge $r d\alpha$ (r Krümmungsradius des Membranelements) ist im Gleichgewicht, wenn die Summe der am Flächenelement wirkenden Zugkräfte $a(\vec{\sigma}_r + \vec{\sigma}_1)$ und Druckkräfte $d\vec{F}_p$ und die Summe der Momente Null ist. Es gilt (Bild 4.9)

$$d\vec{F}_p = p \cdot r d\alpha \cdot \vec{n}\ ,\qquad |\sigma_1| = |\sigma_r| = \sigma \qquad \text{und} \qquad a\sigma d\alpha = p r d\alpha\ .$$

Die Beziehungen gelten für jede Stelle der freien Membran. Die Form der Membran ist ein Kreisbogen mit dem Radius r, die Spannung in der Membran ist gegeben durch

$$\boxed{\sigma = \frac{pr}{a}}\ . \qquad\qquad (4.8)$$

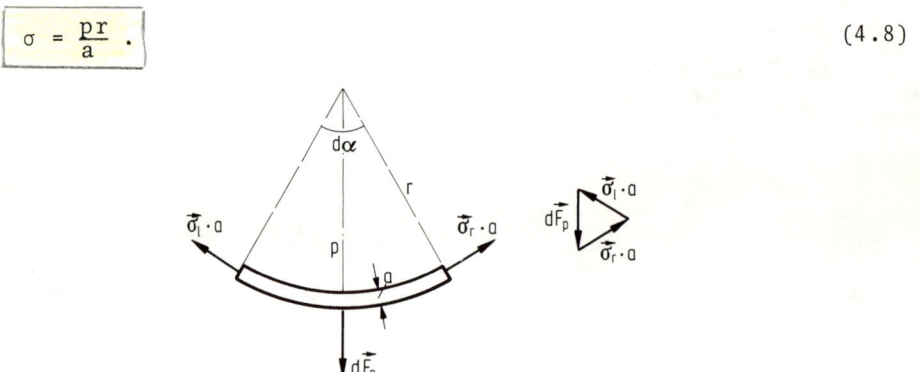

Bild 4.9. Kräfte am Element eines schlaffen Membrans

Bild 4.10 zeigt die Verhältnisse bei einem Ausschlag h der Membran. Durch die Konstruktion ist die freie Länge L der Membran bestimmt; es kann aber auch ein Längenkoeffizient ($\gamma > 0$) eingeführt werden, so daß für alle Ausschläge h gilt

$$L = r \cdot \alpha = (1 + \gamma)\, R\varepsilon\ .$$

Aus Bild 4.10 liest man die Winkelbeziehungen ab:

$$\sin \frac{\alpha}{2} = \frac{\varepsilon R \sqrt{1 + \tan^2 \beta}}{2r} = \frac{\varepsilon R}{2r \cos \beta} \quad ; \quad \tan \beta = \frac{h}{\varepsilon R} \quad . \qquad (4.9)$$

Mit L und γ gilt

$$\frac{\sin \frac{\alpha}{2}}{\frac{\alpha}{2}} = \frac{\varepsilon R}{L \cos \beta} = \frac{1}{(1 + \gamma) \cos \beta} \quad . \qquad (4.10)$$

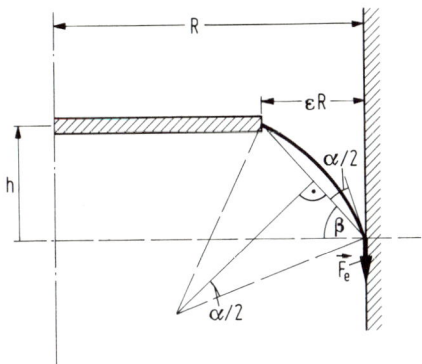

Bild 4.10. Schlaffe Membran und die geometrischen Beziehungen

Im Kräftegleichgewicht zwischen Meßkraft F, Druckkraft F_p und Einspannkraft F_e erhält man mit den Gln. (4.8) und (4.9)

$$F = F_p - F_e = \pi R^2 \cdot p - 2\pi R\, a\sigma \cos \left\{ \frac{\pi}{2} - \left(\frac{\alpha}{2} + \beta \right) \right\}$$

$$= p \left\{ \pi R^2 - 2\, \pi R \cdot r \cdot \sin \left(\frac{\alpha}{2} + \beta \right) \right\}$$

$$= p \left\{ \pi R^2 - 2 \cdot \pi R \cdot r \cdot \sin \left(\frac{\alpha}{2} \right) \cdot \left[\cos \beta + \frac{\sin \beta}{\tan \frac{\alpha}{2}} \right] \right\}$$

$$\boxed{F = p\, \pi R^2 \left\{ 1 - \varepsilon \left(1 + \frac{\tan \beta}{\tan \frac{\alpha}{2}} \right) \right\} = p\, A_{eff}} \quad . \qquad (4.11)$$

Mit Gl. (4.11) und Gl. (4.10) läßt sich die Meßkraft F als Funktion
vom Hub h nur numerisch berechnen; Gl. (4.10) läßt sich analytisch
nicht nach α auflösen. Die Meßkraft ist in komplizierter Weise vom Hub
abhängig. Der Faktor von p wird als effektive Fläche A_{eff} bezeichnet.

Es gibt 3 ausgezeichnete Winkel α und β:

1. Für β=0 entspricht der effektiven Fläche in Gl. (4.11) die Kreis-
   fläche πR^2 abzüglich einer Fläche $2\pi R \cdot \frac{\varepsilon R}{2}$. Diese letztere Fläche ist
   die halbe freie Membranfläche.

2. Für β= $\frac{\alpha}{2}$ wird die effektive Fläche gleich der Kreisfläche πR^2 abzüglich der freien Membranfläche $2\pi R \cdot \varepsilon R$. Die Flächennormale der Membran
   hat am Membranteller die Richtung der Achse.

3. Für $\frac{\alpha}{2}$= -β wird die effektive Fläche gleich der Kreisfläche πR^2. Die
   Einspannung am Gehäuse nimmt keine Kräfte in Richtung der Achse auf,
   die Flächennormale der Membran hat am Rand die Richtung der Achse
   (Bild 4.11).

Für die Umformung des Druckes in eine Kraft ist die Größe der effektiven
Fläche und der Einfluß des Hubs auf ihren Wert von entscheidender Bedeutung.

Für nicht zu große Winkel $\frac{\alpha}{2} < \frac{\pi}{4}$ läßt sich die linke Seite von Gl. (4.10)
durch eine Taylorreihe von 2 Gliedern genügend genau wiedergeben.

$$\frac{1}{(1+\gamma)\,\cos\beta} = \frac{\frac{\alpha}{2} - \frac{1}{6} \cdot (\frac{\alpha}{2})^3 + \ldots}{\frac{\alpha}{2}} \approx 1 - \frac{1}{6}\left(\frac{\alpha}{2}\right)^2 \cdot$$

Schreibt man zur Abkürzung x = tanβ = $\frac{h}{\varepsilon R}$ wird aus vorstehender Beziehung, $\tan\frac{\alpha}{2} \approx \frac{\alpha}{2}$ und Gl. (4.11)

$$F = p\,A_{eff} = p\;\pi R^2 \left\{ 1 - \varepsilon\left(1 + x\,\frac{\sqrt{1+\gamma}}{\sqrt{6(1+\gamma - \sqrt{1+x})}}\right)\right\} \cdot \qquad (4.12)$$

In Bild 4.11 ist der Verlauf von A_{eff} als Funktion von x aufgetragen.
Nur bei weit durchhängenden Membranen (großes γ) ändert sich $A_{eff}(x)$
wenig. Bei Membranen muß die Kraft F fast weglos abgenommen werden,
wenn man eine lineare Kennlinie haben will.

Membrankennlinien werden meistens durch Versuche ermittelt. Neben der
vom Hub abhängigen effektiven Fläche kommt bei realen Membranen, die
nicht schlaff sind, noch eine Richtkraft c(x)·x mit der Federkonstanten

c(x) hinzu

$$F = c(x) \cdot x + A_{eff}(x) \cdot p \quad . \tag{4.13}$$

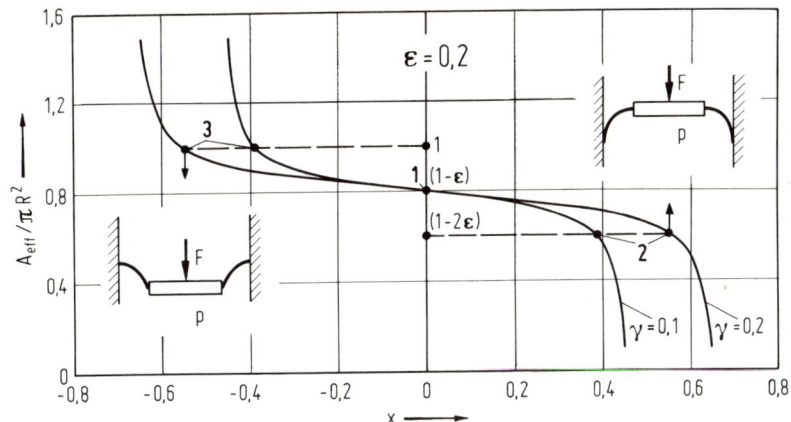

Bild 4.11. Effektive Fläche der schlaffen Membran

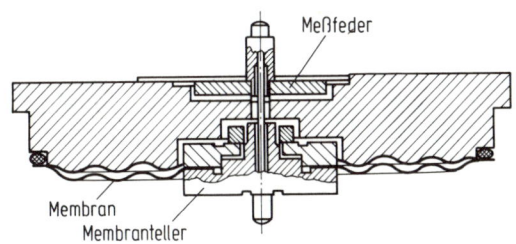

Bild 4.12. Metallmembran

Metallmembranen haben eine Form entsprechend Bild 4.12. Tiefe Wellen
(Sicken), d.h. eine große freie Länge L oder ein großes γ, ermöglichen
wie bei der schlaffen Membran einen großen Arbeitshub, in dem der Zusammenhang zwischen Druck und Meßkraft einigermaßen konstant bleibt.
Metallmembranen werden aus ebenen Blechen hergestellt. Das Material muß
sich gut verformen lassen, um auf die Membranform in Bild 4.12 zu kommen. Auf der anderen Seite soll die Membran gute Federeigenschaften
aufweisen. Ausgangsmaterial ist daher oft weiches, leicht verformbares
Material, das beim Verformungsprozeß Federeigenschaften gewinnt oder
nach der Formgebung gehärtet werden kann.

Ein Beispiel für das letztere sind Membranen aus der aushärtbaren Le-
gierung Kupfer-Beryllium. Korrosionsfeste Membranen werden aus rost-
freiem Stahl gefertigt, der bei der Verformung federelastisch wird.

Mit Membranen aus geeignetem Werkstoff können sehr robuste und betriebs-
sichere Druckmeßzellen hergestellt werden. Auch unter schwierigen Be-
triebsbedingungen wie Ablagerungen von Feststoffen im Meßstoff können
Membranen zuverlässig ohne nennenswerte Wartung arbeiten. Nachteilig
ist die Abhängigkeit der effektiven Fläche vom Ausschlag. Der lineare
Arbeitshub ist vergleichsweise klein und erfordert zur Weiterverarbeitung sehr empfindliche Weg- oder Kraftgeber.

4.2.3 Bourdonfeder

Bourdonfedern gehören wie die Membranen zu den Federmanometern. Auch
hier wird die elastische Verformung einer Wand des Druckraumes zur
Messung des Druckes benutzt. Die elastische Wand hat aber nicht die
Form einer Kreisplatte, sondern die Form eines Rohres, dessen eines
offene Ende fest eingespannt ist und der Druckzuführung dient, während
das andere Ende verschlossen ist (Bild 4.13). Unter dem Einfluß des
Druckes bewegt sich nun das verschlossene Ende und liefert den Meßausschlag.

Rohrfeder   Schneckenfeder   Schraubenfeder

Bild 4.13. Verschiedene Bauformen von Bourdonfedern

Es sind viele Arten solcher Röhrenfedermanometer bekannt. Am weitesten verbreitet ist die Bourdonfeder, die 2 typische Merkmale hat:
Der Rohrquerschnitt ist nicht kreisrund, sondern die eine Achse des
Querschnitts ist erheblich länger als die andere. Weiter ist die Längs-
achse der Röhrenfeder nicht gerade, sondern gekrümmt. Bild 4.13 zeigt
einige Bauformen von Bourdonfedern.

Die Theorie der Bourdonfedern reicht weit in die Elastizitätstheorie
hinein; die Funktion einer solchen Feder kann man aber auch leicht

anschaulich verstehen.

Unter der Wirkung eines Innendruckes bläht sich die ovale Rohrfeder
auf und versucht sich der Kreisform anzunähern. Hält man das freie verschlossene Ende fest, entstehen wegen der Krümmung der Achse des Rohres
Ringspannungen. In der dem Krümmungsmittelpunkt zugewandten Seite entstehen Druckspannungen, auf der Außenseite Zugspannungen (Bild 4.14).
Läßt man das Federende los, gleichen sich die Ringspannungen dadurch
aus, daß sich die Feder aufbiegt.

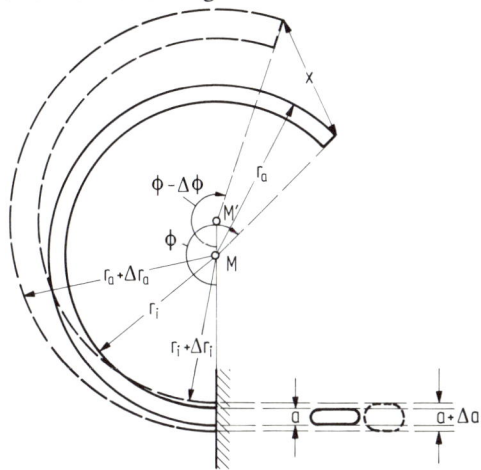

Bild 4.14. Wirkungsweise der Bourdonfeder

Ist a die Dicke des Bourdonrohres (Bild 4.14), wird die Änderung Δa
proportional dem Druck p sein: $\Delta a = A \cdot p$. Die Länge der Feder auf dem
Innenradius r_i und dem Außenradius r_a wird sich durch die Druckbelastung
kaum ändern. Es ist mit dem Biegewinkel ϕ der Bourdonfeder

$$\phi r_i = L_i = const \quad ,$$

$$\phi r_a = \phi(r_i + a) = L_a = const \quad .$$

Bei einer Druckbelastung ändert sich die Dicke um Δa. Man erhält für
die Biegewinkel- und Krümmungsradiusänderung

$$r_i \, \Delta\phi + \phi \cdot \Delta r_i = 0$$

$$\phi(\Delta r_i + \Delta a) + (r_i + a)\Delta\phi = 0$$

und daraus

$$\frac{\Delta\phi}{\phi} = -\frac{\Delta r_i}{r_i} = -\frac{\Delta a}{a} = \frac{pA}{a} \quad .$$

Der Biegewinkel ϕ wird mit wachsendem Druck kleiner, der Krümmungsradius größer. Der Meßausschlag $\Delta x = \sqrt{(\Delta r)^2 + (r\Delta\phi)^2}$ ergibt sich zu

$$\Delta x = p \cdot \frac{rA}{a} \cdot \sqrt{1 + \phi^2} \cdot \Delta x = \qquad \text{siehe Druckfehler} \qquad (4.14)$$

Die Meßbereiche von Bourdonfedern reichen etwa von 0,5 bis zu 1000 bar. Wie bei den Membranen werden für Bourdonfedern Materialien mit guten federelastischen Eigenschaften und hoher Korrosionsfertigkeit verwendet. Auch hier erfolgt die Formgebung im elastisch weichen Zustand.

Bourdonfedern sind einfache, leicht einzubauende Druckmeßzellen, sie müssen mit einem Normalinstrument justiert werden. Gegen Überlastung sind sie empfindlich. Mit guten Bourdonfedern kommt man auf Fehler, die kleiner als 1 % v.E. sind.

4.2.4 Kolbenmanometer

Zur genauen Erfassung von Drucken über 100 bar in kleinen Bereichen wird auch das zur Eichung von Druckmeßgeräten unentbehrliche Kolbenmanometer (Abs. 4.1) verwendet. Der Kolben wird ständig von einem Elektromotor in langsamer Drehung gehalten, um die Reibung klein zu halten (Bild 4.15)

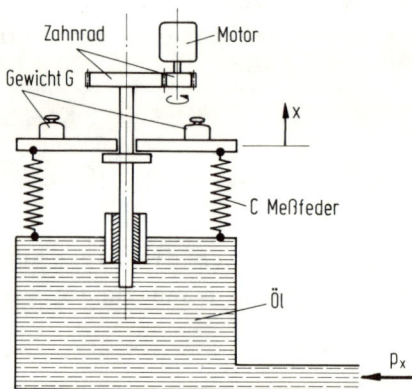

Bild 4.15. Kolbenmanometer für Dauermessung

Der zu messende Druck p_x wirkt auf eine Ölvorlage im Gefäß des Kolben-

manometers. Damit ist die Dichtung und Schmierung des Kolbens sichergestellt.

Der Ausschlag des Kolbens x wird mit Hilfe einer Meßfeder der Feder-
konstanten c begrenzt. Die Druckkraft $(p_x - p)$ A auf den Kolben der
Fläche A wird ausgewogen durch die Gewichtsbelastung G und durch die
Richtkraft der Meßfeder.

$$(p_x-p) \cdot A = G + c \cdot x$$

$$x = \frac{(p_x-p) \cdot A - G}{c} \ . \tag{4.15}$$

Unabhängig von den Eigenschaften der Meßfeder wird der Druck $p_x = (G/A) + p$
mit höchster Präzision erfaßt. Dieser Druck wird als Meßanfang p_{xa}
festgelegt. Das Gerät erreicht das Meßende p_{xe} je nach Wahl der Meßfeder bei Meßspannen $p_{xe} - p_{xa}$ von etwa 1 bis 10 bar. Fehler von weniger
als 1 % der Meßspanne $p_{xe} - p_{xa}$ sind zu erreichen. Der Meßausschlag x
kann wieder mit den Weggebern (Kapitel 2) in ein elektrisches Signal umgesetzt werden. Kolbenmanometer sind aufwendig. Der Meßstoff muß mit
der Ölvorlage verträglich sein. Das Gerät muß regelmäßig gewartet werden.

4.2.5 Differenzdruckmeßzellen

Viele Durchfluß- und Niveaumessungen in der Verfahrensindustrie werden
auf die Messung von Druckdifferenzen zurückgeführt (Abschnitte 5.2 und
4.3). Das Ausgangssignal aller Druckmeßzellen ist abhängig von der
Differenz Meßdruck-Bezugsdruck $p_x - p$; Druckmeßzellen sind demnach zur
Differenzdruckmessung grundsätzlich geeignet. In der Praxis sieht man
meist von dieser Verwendung ab, weil die im Raum des Bezugsdruckes
untergebrachten empfindlichen Bauteile (z.B. elektrische Weggeber,
elektrische Verstärker) nicht ohne besondere Schutzmaßnahmen jedem Bezugsdruck und jedem Meßstoff ausgesetzt werden dürfen. Der Gedanke,
zwei Druckmesser zu verwenden und die elektrischen Signale voneinander zu subtrahieren, scheitert an den geforderten Genauigkeiten.

Differenzdruckmeßzellen werden für Druckdifferenzen im Bereich von
0,05 bis 5 bar gefertigt. Der Bezugsdruck darf dabei Werte bis 500
bar annehmen. Es leuchtet ein, daß der Anschluß und die Inbetriebnahme
große Probleme mit sich bringen. Um den Meßbereich nicht zu überschreiten, müßte der Bezugsdruck mit dem Meßdruck gleichmäßig gesteigert werden, was bei gewöhnlichen Armaturen unmöglich ist. Deshalb müssen Differenzdruckzellen überlastbar sein. Einseitiger Überdruck darf die Zelle

nicht beschädigen, nicht einmal der Nullpunkt soll nach Überlastung
nachjustiert werden müssen. Die Forderung führt zu typischen Konstruktionen für Differenzdruckzellen, deren wesentliche Merkmale hier behandelt werden sollen.

Als druckempfindliche Elemente der Meßzellen dienen mehrere Metallmembranen. Die Einrichtungen für den Überlastschutz befinden sich nicht im
Meßstoff, sondern in einem abgeschlossenen Raum, der mit Hydraulik-
flüssigkeit gefüllt ist: innerer Überlastschutz. Die beiden grundsätzlichen Methoden, Überlastschutz mit Ventil und Überlastschutz mit Bett,
zeigt Bild 4.16 a,b.

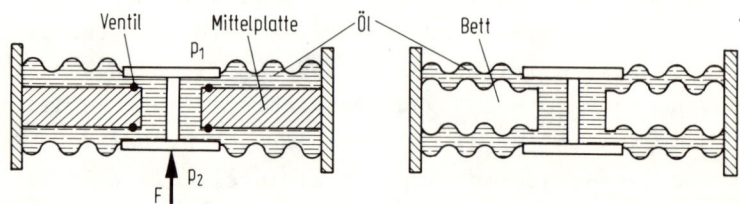

Bild 4.16. Überlastschutz bei Differenzdruckzellen

Im Meßbereich liefert die Zelle eine Meßkraft F, die Membranen arbeiten
bei geöffnetem Ventil bzw. haben einen Abstand zum Bett. Wird der Meßbereich überschritten, z.B. $p_1 \gg p_2$, so wirkt in einem Fall (Bild 4.16a)
der Membranteller der oberen Membran als Ventilteller, der gegen den
Ventilsitz auf der Mittelplatte, hier einen O-Ring, drückt und den Ab-
fluß weiterer Füllflüssigkeit in den unteren Raum verhindert. Der Druck
lastet dann auf der stabilen Mittelplatte, die obere Membran, eingebettet
in die inkompressible Füllflüssigkeit mit abgeschlossenem Volumen, verformt sich nicht weiter.

Im anderen Fall (Bild 4.16b) wird die Membran in das der Membranform
nachgeformte Bett gedrückt und so vor bleibenden Verformungen geschützt.

Die Meßkraft kann von einer Membran oder von beiden Membranen abgenommen werden. Es sind auch Meßzellen mit drei Membranen in Gebrauch· Dabei
wird die Meßkraft von der mittleren Membran abgenommen (Bild 4.17a,b,c).

Die wesentlichen Eigenschaften der verschiedenen Ausführungen nach Bild
4.17 a,b,c lassen sich durch lineare Rechnung mit den effektiven Flächen
A_i und den Federkonstanten c_i erläutern, Gl. (4.13).

Die wichtigste Fehlerquelle solcher Zellen ist die Volumenänderung ΔV
der Füllflüssigkeit. Diese hat im wesentlichen zwei Ursachen: endliche
Kompressibilität und endliche Temperaturausdehnung. Wird mit Δz_i die
Ursache von ΔV, also eine Änderung des Druckes auf die Zelle oder eine
Temperaturerhöhung bezeichnet, so gilt mit einem Koeffizienten α_i

$$\frac{\Delta V}{V} = \alpha_i \cdot \Delta z_i .$$

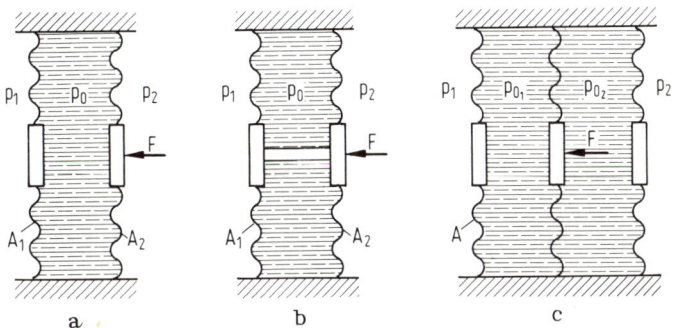

Bild 4.17. Drei wichtige Bauformen von Differenzdruckzellen

Der Ausschlag der Membran x_i wird von ihrem natürlichen Nullpunkt, in
dem keine Kraft auf die Membran wirken soll, gezählt. Davon zu unterscheiden ist die Nullage der Zelle x_{io}, bei der die äußere Kraft F=0 und
$p_1 = p_2$ ist und der Ausschlag der Zelle x_i. Es gilt

$$x_i^\cdot = x_{io} + x_i .$$

Im Fall a) gilt für die rechte Membran im Kräftegleichgewicht mit dem
Druck p_o in der Füllflüssigkeit

$$F = (p_o - p_2) A_2 - c_2 (x_{20} + x_2). \qquad (4.16)$$

Für die linke Membran gilt

$$0 = (p_1 - p_o) \cdot A_1 - c_1 \cdot (x_{10} + x_1) . \qquad (4.17)$$

Die Füllflüssigkeit ist in erster Näherung inkompressibel; daher wird

$$A_1 x_1 = A_2 x_2 .$$

(4.18)

Eliminiert man p_o und x_1 aus den Gln. (4.16) bis (4.18), so wird die Kraft

$$F = (p_1 - p_2) \cdot A_2 - x_2 \left\{ c_2 + c_1 \cdot \left(\frac{A_2}{A_1} \right)^2 \right\} - \left\{ c_2 x_{20} + c_1 x_{10} \cdot \frac{A_2}{A_1} \right\} .$$

Die letzte Klammer ist gleich Null, wie man für F=0 und $p_1 = p_2$ aus Gl. (4.16) und Gl. (4.17) ablesen kann:

$$F = (p_1 - p_2) \cdot A_2 - x_2 \left\{ c_2 + c_1 \left(\frac{A_2}{A_1} \right)^2 \right\} .$$

(4.19)

Ändert sich nun durch die Einwirkung einer Störgröße Δz_i das Füllvolumen V um $\frac{\Delta V_i}{V} = \alpha_i \cdot \Delta z_i$, so verschiebt sich die Nullage der Zelle oder es entsteht eine Fehlerkraft ΔF bei konstantem Meßausschlag $x_{20} + x_2$:

$$\Delta F = -c_1 \frac{A_2}{A_1} \cdot \Delta x_{10} .$$

Mit $\quad A_1 \cdot \Delta x_{10} = -\Delta V \quad$ wird

$$\Delta F = c_1 \frac{A_2}{(A_1)^2} \cdot V \cdot \alpha_i \cdot z_i .$$

Der relative Fehler vom Endwert $F_r = \frac{\Delta F}{F}$ wird mit $F_e \approx (p_{1e} - p_{2e}) A_2$

$$F_r = \frac{V \cdot \alpha_i \cdot \Delta z_i}{p_{1e} - p_{2e}} \cdot \frac{c_1}{(A_1)^2} .$$

(4.20)

Der Fehler wird klein, wenn die Fläche der Membran 1 groß, ihre Richtkraft klein gewählt werden kann.

Im Fall b) ist wegen der starren Kopplung der Membranen $x_1 = x_2 = x$. Die Meßkraft wird analog zu Fall a)

$$F = (p_o - p_2) A_2 + (p_1 - p_o) A_1 - c_2 \cdot (x_{20} + x) - c_1 \cdot (x_{10} + x)$$

$$F = (p_1-p_2) \frac{A_1+A_2}{2} + (A_1-A_2)\left\{\frac{p_1+p_2}{2} - p_o\right\} - (c_1+c_2)x \; .$$

Die Meßkraft ist auch eine Funktion des Druckes p_o im Innern der Zelle. Bei der Herleitung wurde die Kontinuitätsgleichung verletzt; wegen unvermeidlicher Fertigungstoleranzen wird im allgemeinen $xA_1 = xA_2$ nicht gelten. Zur Kennzeichnung der Zelleneigenschaften muß eine neue Kenngröße für die Membran eingeführt werden. Diese sei hier als Schluckvermögen β bezeichnet. Eine Membran, deren Zentrum auf einem bestimmten x-Wert festgehalten wird, kann wegen ihrer Elastizität noch ein kleines Volumen ΔV aufnehmen (Bild 4.18).

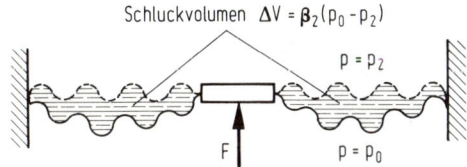

Bild 4.18. Schluckvermögen

Mit einem linearen Ansatz wird

$$\beta_2(p_o - p_2) = \Delta V_2 \; .$$

Membran 1 und Membran 2 in der Meßzelle sind miteinander starr verbunden. Bei irgendeiner Druckänderung p_i verformen sich beide Membranen. Da das Volumen der Füllflüssigkeit konstant ist, gilt für die Volumenänderung ΔV der Membranen

$$\Delta V_1 = \Delta V_2 \quad ,$$

$$\beta_1 (p_1 - p_o) = \beta_2 (p_o - p_2) \; ,$$

und $\quad p_o = \dfrac{\beta_1 p_1 + \beta_2 p_2}{\beta_1 + \beta_2} \quad .$

Damit wird die erste Gleichung

$$F = (p_1 - p_2) \cdot (\frac{A_1\beta_2 + A_2\beta_1}{\beta_1 + \beta_2}) - (c_1 + c_2)x \; . \qquad (4.20)$$

Eine Volumendehnung ΔV der Füllflüssigkeit muß von beiden Membranen aufgenommen werden: $\Delta V = V\alpha_i \cdot \Delta z_i = \beta_1 \Delta p_o + \beta_2 \Delta p_o$, die Fehlerkraft wird mit Gl. (4.20)

$$\Delta F = -(A_2 - A_1)\Delta p_o = (A_1 - A_2) \cdot \frac{\alpha_i \, z_i \cdot V}{\beta_1 + \beta_2} \; .$$

Der auf den Endwert bezogene relative Fehler F_r wird mit $F_e \approx (p_1 - p_2)A_1$

$$F_r \approx (1 - \frac{A_2}{A_1}) \, \frac{\alpha_i \, z_i \, V}{\beta_1 + \beta_2} \qquad . \tag{4.21}$$

Das Schluckvermögen β_i läßt sich durch die Konstruktion der Membran nicht sehr beeinflussen. Für diesen Typ von Differenzdruckzellen bleibt nur die Konsequenz, durch sorgfältige Fertigung und Auswahl oder Paarung der Membranen für die einzelne Zelle den Unterschied der effektiven Flächen möglichst klein zu halten.

Fall c) kann wie Fall a) behandelt werden. Man erhält

$$F = (p_2 - p_1) \cdot A_o - \left\{ c_o + c_1 \left(\frac{A_o}{A_1}\right)^2 + c_2 \left(\frac{A_o}{A_2}\right)^2 \right\} x_o. \tag{4.22}$$

Die Fehlerkraft, die durch eine Volumenänderung der Füllflüssigkeit verursacht wird, errechnet sich zu

$$\Delta F = \frac{V\alpha_i \Delta z_i}{A_o} \left\{ c_1 \left(\frac{A_o}{A_1}\right)^2 - c_2 \left(\frac{A_o}{A_2}\right)^2 \right\} \approx V\alpha_i \Delta z_i \; (c_1 - c_2) \, \frac{A_o}{A_2} \; .$$

Der relative Fehler vom Endwert F_r wird mit $F_e \approx A_o(p_2 - p_1)$ und $A_1 \approx A_2 = A$

$$F_r = \frac{V\alpha_i \Delta z_i}{p_2 - p_1} \cdot \frac{c_1 - c_2}{A^2} \; . \tag{4.23}$$

Weiche äußere Membranen mit einer großen Fläche A sind für einen kleinen Fehler sehr günstig. Der Aufwand ist mit 3 Membranen etwas höher als bei den anderen Typen.

Eine einseitig gekoppelte Zelle, Fall a), erfordert eine sehr weiche ungekoppelte Membran von großer Fläche. Ein Beispiel dafür ist die "Bar-

ton-Zelle" der Firma Hartmann & Braun (Bild 4.19), bei der mehrere zu
einem Faltenbalg hintereinander geschaltete Membranen kleine Richtkraft
bewirken. Der Membrankörper ist mit einem Meßfedersatz im Meßstoff ge-
gefesselt. Der Hub wird mit Hilfe einer Torsionsdurchführung aus dem
Druckraum nach außen gebracht, wo ein Weggeber mit kleinem Arbeitsvermögen, z.B. ein Differentialtrafo, angetrieben wird.

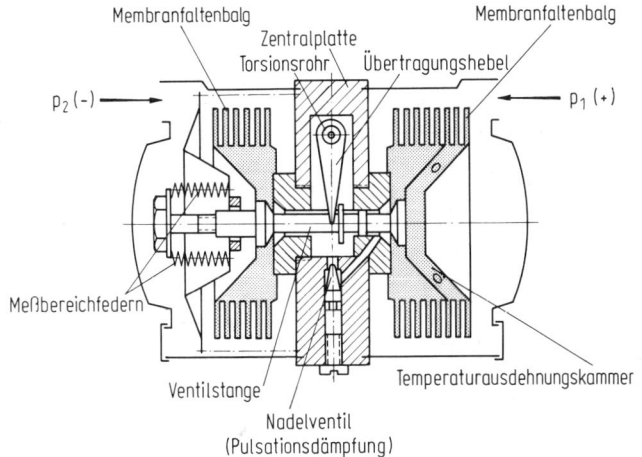

Bild 4.19. Bartonzelle

Ein Beispiel für eine Zelle mit gekoppelten Membranen ist die Zelle
der Firma Foxboro. Der Überlastschutz erfolgt durch ein mechanisches
Bett. Die Meßkraft dieser Zelle wird durch eine elektrisch erzeugte
Gegenkraft ausgewogen (Kraftvergleich). Der Ausschlag der Zelle im
Arbeitsbereich ist sehr gering, er liegt bei wenigen Zehntel Milli-
meter (Bild 4.20).

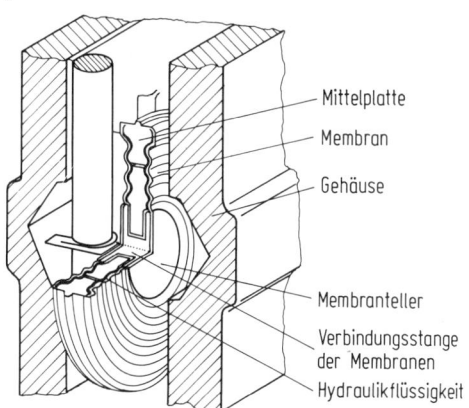

Bild 4.20. Foxborozelle

Bild 4.21 zeigt eine Zelle mit 3 Membranen (Fisher + Porter). Die
rechte und die linke Membran übertragen den Druck p_2 und p_1 auf die

Füllflüssigkeit der Kammer. In der Kammer befinden sich - im Bild nicht
eingezeichnet - die Ventile für den Überlastschutz. Die Membranen in
der Mitte mit dem großen Membranteller setzt die Druckdifferenz p_1-p_2
in eine Kraft um, die mit einem Hebel über eine Membrandurchführung
in den Außenraum übertragen wird, wo die Meßkraft F abgenommen wird.

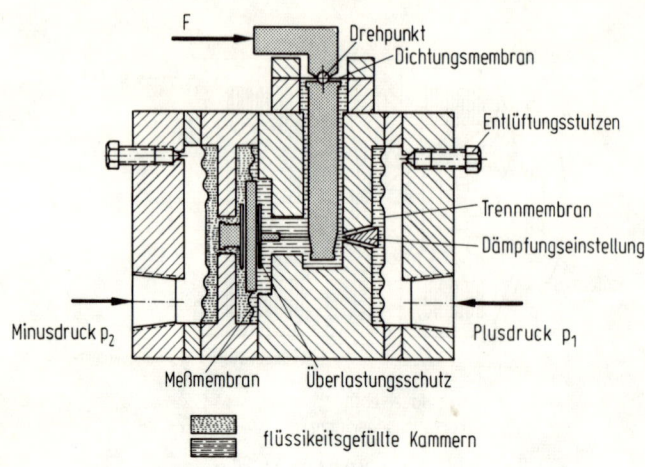

Bild 4.21. Dreifach-Membranzelle (Fischer u. Porter)

Im allgemeinen bringt die Aufgabe, den Ausschlag der Zelle nach außen
zu übertragen, große Schwierigkeiten mit sich: das Problem der Durchführung. Doch ist hier nicht der Raum, diese Aufgabe eingehend zu
diskutieren. Eine elegante Lösung besteht darin, eine mechanische Durchführung zu vermeiden und die Meßkraft mit Federn und Dehnungsmeßstreifen im Druckraum in ein elektrisches Signal umzusetzen, und dieses Signal nach außen zu übertragen.

4.3 Niveau- und Flüssigkeitsstandmessung

Zur Messung des Flüssigkeitsniveaus in einem Behälter, einer Aufgabe,
die in der Verfahrensindustrie häufig vorkommt, gibt es mehrere Verfahren. Bei den gebräuchlichsten Verfahren wird das Niveau in einen
Weg, eine Kraft, einen Druck oder eine Kapazität transformiert. Im
folgenden seien einige Beispiele betrachtet.

4.3.1 Messung mit Schwimmer

Bei dieser Methode wird die Bewegung des Flüssigkeitsspiegels durch
einen an der Flüssigkeitsoberfläche schwimmenden Körper mittels einer
mechanischen Übertragung an einen Weggeber weitergeleitet. Für kleine
Meßbereiche erfolgt die Übertragung über ein Gestänge.(Bild 4.22). Für
große Meßbereiche geschieht dies über eine Kette, ein Kettenrad und
ein Getriebe (Bild 4.23). Dieses alte Verfahren ist wegen seiner Ein-
fachheit weit verbreitet.

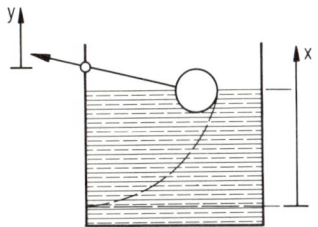

Bild 4.22. Schwimmerkörper
mit Gestänge

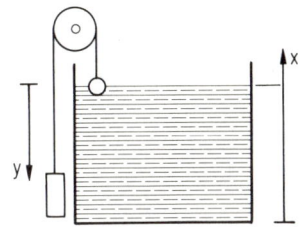

Bild 4.23. Schwimmerkörper
mit Kette

4.3.2 Verdrängungskörper

In der Flüssigkeit, deren Höhenstand gemessen werden soll, taucht ein
zylindrischer Körper (Bild 4.24). Er erfährt dabei einen Auftrieb F,
der von der Dichte ρ des Meßstoffes, dem Querschnitt q und der Eintauchtiefe x linear abhängt.

$$F = x \cdot q \cdot \rho \cdot g \ .$$

Verdrängungskörper werden bis zu einer Länge von 10 m gebaut. Ein Vorteil der Methode besteht darin, daß der Auftrieb durch die Geometrie
des Verdrängungskörpers und die Dichte des Meßstoffes gegeben ist.

Die Einstellung des Gerätes kann also mit Gewichten vorgenommen werden.

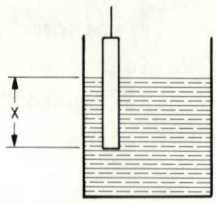

Bild 4.24. Niveaumessung mit Verdrängungskörper

Ein Sonderfall ist die Trennschichtmessung, bei der die Höhe der Trenn-
schicht zweier nicht mischbarer, verschieden schwerer Flüssigkeiten gemessen werden soll (Bild 4.25). Der Verdrängungskörper taucht dabei
vollständig in die Flüssigkeit ein. Der Auftrieb wird mit dem spezifischen Gewicht $\gamma_i = \rho_i \cdot g$

$$A = \left\{ (\gamma_2 - \gamma_1)x + \gamma_1 \hbar \right\} q \ \cdot$$

Die Empfindlichkeit ist

$$\frac{\Delta A}{\Delta x} = (\gamma_2 - \gamma_1)q \ \cdot$$

Große Unterschiede im spezifischen Gewicht ergeben große Empfindlichkeit.

Bild 4.25. Trennschichtmessung

4.3.3 Hydrostatische Methode

Im Gefäßmanometer (Abschnitt 4.1) werden Druckunterschiede in Höhen von
Flüssigkeitssäulen umgeformt. Umgekehrt kann eine Niveaumessung auf
eine Differenzdruckmessung zurückgeführt werden (Bild 4.26).

Nach der hydrostatischen Grundgleichung ist

$$\boxed{p_1 - p_2 = x \cdot \gamma} \cdot g \qquad \qquad p_2 = \text{Gasdruck}$$

Der Differenzdruckumformer mißt damit bei bekannter Dichte den Flüssigkeitsstand.

$p_2 \stackrel{!}{=} \text{Flüssigkeitsdruck}$

$\Rightarrow p_1 - p_2 = g(\vartheta_1) g \cdot x - g(\vartheta_2) g \cdot h$

$h \stackrel{!}{=}$ feste Höhe die p_2 liefert

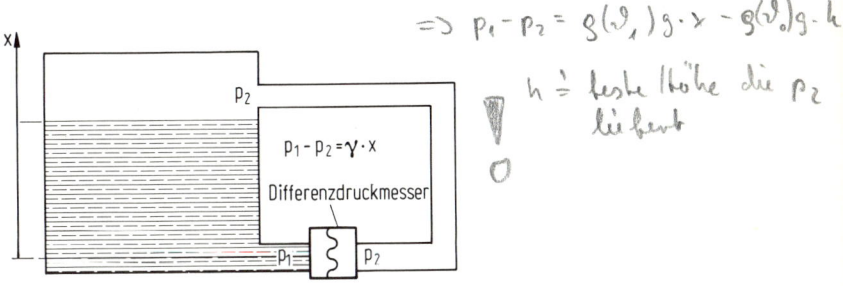

Bild 4.26. Niveaumessung mit dem Differenzdruckmesser

Diese Methode ist sehr beliebt, weil in dem Behälter keine Einbauten vorgenommen werden müssen. Zwei Bohrungen für den Anschluß des Differenzdruckumformers genügen.

4.3.3 Kapazitive Methode

Bei dieser Methode wird eine Niveaumessung in eine Kapazitätsänderung umgesetzt. Die Grundlagen dieser Methoden wurden in Abschnitt 2.5 besprochen.

4.3.4.1 Kapazitive Niveaumessung nichtleitender Flüssigkeiten

Ein Zylinderkondensator mit gitterförmiger Außenelektrode ist in der dielektrischen Meßflüssigkeit eingetaucht (Bild 4.27).
Ändert sich der Flüssigkeitspegel, so ändert sich die Kapazität, die somit ein Maß für Höhe ist. Die Anordnung entspricht dem in Abschnitt 2.5.3 behandelten Kondensatoren mit verschiebbarem Dielektrikum. Bei Vernachlässigung der Streufelder ergibt sich die Kapazität der Anordnung nach Gl. (2.15) zu

$$C = C_o \left\{ 1 + \frac{x}{x_e} \left(\frac{\varepsilon_2}{\varepsilon_1} - 1 \right) \right\} \cdot \qquad \qquad (4.24)$$

Dabei ist C_O die Kapazität der Anordnung, wenn sich keine Flüssigkeit zwischen den Elektroden befindet. Die Empfindlichkeit $\frac{\Delta C}{\Delta x}$ ist proportional der Differenz der Dielektrizitätskonstanten der Meßflüssigkeit ε_2 und der Luft ε_1.

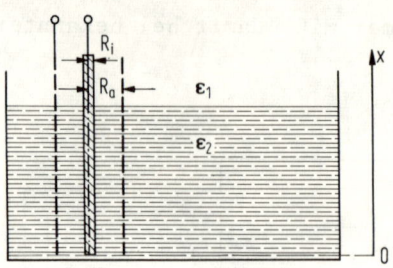

Bild 4.27. Kapazitive Niveaumessung bei elektrisch leitenden
Flüssigkeiten

4.3.4.2 Kapazitive Niveaumessung elektrisch leitender Flüssigkeiten

Eine mit Dielektrikum überzogene Elektrode ist in die elektrisch leitende Meßflüssigkeit eingetaucht. Diese Elektrode als Innenelektrode und die Meßflüssigkeit als Außenelektrode bilden einen Kondensator. Der Behälter muß isoliert aufgestellt werden (Bild 4.28).

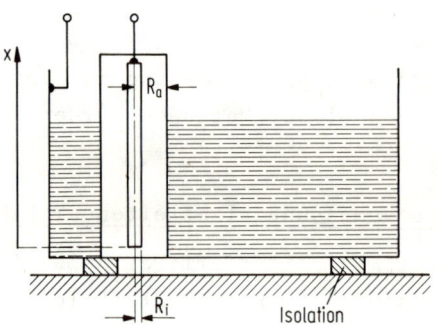

Bild 4.28. Kapazitive Niveaumessung bei elektrisch leitenden
Flüssigkeiten

Die Anordnung entspricht dem in Abschnitt (2.5.2) besprochenen Kondensator mit verschiebbarer Fläche. Ist die Innenelektrode genügend weit von der Behälterwand entfernt und werden die Streufelder vernachlässigt, so ergibt sich die Kapazität der Anordnung analog Gl. (2.12) zu

$$C = \varepsilon_o \varepsilon \; 2\pi \; \frac{x}{\ln\frac{R_a}{R_i}} \; . \qquad\qquad (4.25)$$

4.3.4.3 Meßschaltung

Die Messung der Kapazität bei den kapazitiven Niveaumessern kann nicht
mit den üblichen Kapazitätsmeßschaltungen erfolgen. Die veränderliche
Störkapazität gegen Erde muß in der Meßschaltung eliminiert werden.
Bild 4.29 zeigt eine Schaltung, die diese Forderung erfüllt. Die Störkapazität gegen Erde C_1 liegt parallel zur Spannungsquelle und bleibt
daher ohne Einfluß. Die Kabelkapazität C_2 liegt parallel zum Verstär-
kereingang und vermindert dessen Empfindlichkeit, beeinflußt die Ab-
gleichung der Brücke jedoch nicht. C_n ist eine Justierkapazität für
den Nullpunkt.

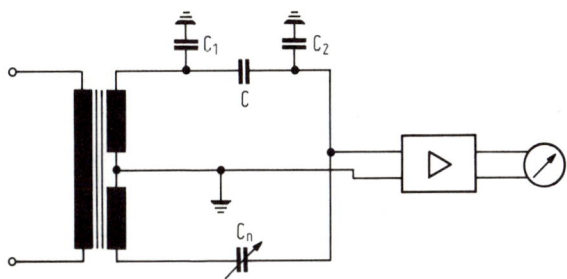

Bild 4.29. Meßschaltung für kapazitive Niveaumesser

5. Durchflußmessung

Flüssigkeiten wie Öl, Wein und Bier werden schon seit alten Zeiten
getauscht und gehandelt. Voraussetzung dafür ist die Messung von
Flüssigkeitsmengen, die mit Hohlmaßen wie Fuder und Gallone geschah.
Die Messung der Flüssigkeitsmenge wurde damit auf eine Volumenmessung
zurückgeführt. Eine andere Methode ist, die Flüssigkeitsmenge durch
Wiegen zu bestimmen. Nach diesen Methoden wird heute nur noch zum geringen Teil gearbeitet. Sehr große Mengen verschiedenartiger Stoffe
der Verfahrensindustrie werden in flüssigem oder gasförmigem Aggre-
gatzustand verarbeitet, miteinander zur Reaktion gebracht und transportiert. Entscheidende Bedeutung kommt deshalb dem Messen von Flüs-
sigkeits- und Gasströmen in Rohrleitungen zu. Als Durchfluß bezeichnet man den Quotienten aus Volumen und Zeit.

5.1 Grundbegriffe aus der Strömungstechnik

Ein Strömungszustand ist bekannt, wenn zu jedem Zeitpunkt t und an
jedem Ort x,y,z die Geschwindigkeit $\vec{v}$ der Flüssigkeit bekannt ist;
$\vec{v} = \vec{v}$ (x,y,z,t). Stromlinien sind zu einem bestimmten Zeitpunkt als
Kurven definiert, die von den Geschwindigkeitsvektoren tangiert werden. Mathematisch formuliert ist die Stromlinie gegeben durch
$d\vec{r} \times \vec{v} = 0$ ($d\vec{r}$ Element der Stromlinie), Bild 5.1. Im instationären
Zustand sind die Stromlinien abhängig von der Zeit t. Im stationären
Zustand $\vec{v} = \vec{v}(x,y,z)$ beschreiben die Stromlinien die Bahnkurven von
einzelnen Flüssigkeitsteilchen.

Für reale Fluide läßt sich das Strömungsfeld $\vec{v}(x,y,z,t)$, von sehr
einfachen Anordnungen abgesehen, wegen überaus großer mathematischer

Schwierigkeiten nicht herleiten. Man geht deshalb von dem abstrakten Fall des "idealen Fluids" aus, der sich einfacher behandeln läßt. Die sich hieraus ergebenden Lösungen werden mit Hilfe empirischer Koeffizienten der Wirklichkeit angenähert.

Ideale Fluide sind völlig reibungsfreie Gase oder Flüssigkeiten. Sie setzen demnach einer Formänderung ohne Volumenänderung keinen Widerstand entgegen. Auf ein Volumenelement wirken nur Normalspannungen (Kräfte in Richtung der Flächennormalen), d.h. der Druck p.

In einem idealen Fluid entsteht keine Reibungswärme, d.h. mechanische Energie wird nicht in Wärmeenergie umgesetzt. Der Energieerhaltungssatz wird im idealen Fluid zum Erhaltungssatz der mechanischen Energie, der für jedes beliebige Volumen V gilt.

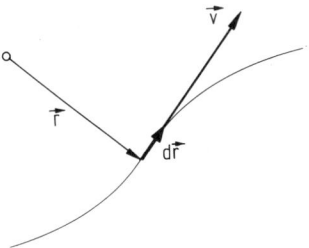

Bild 5.1. Begriffe im Strömungsfeld

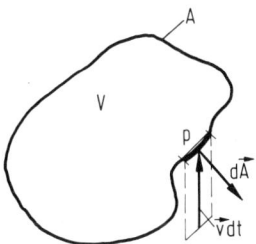

Bild 5.2. Strömung in ein Volumen

Im Strömungsfeld strömt in der Zeit dt die Menge $dM = -dt \int_A \vec{v} \cdot d\vec{A}$ in das Volumen V, wenn A die geschlossene Hülle von V ist (Bild 5.2).

Mit der Menge $-dt \int \vec{v} \cdot d\vec{A}$ wird die kinetische Energie $-dt \int \frac{\rho}{2} v^2 \cdot \vec{v} \cdot d\vec{A}$ in das Volumen V gebracht. Weiter leistet das Strömungsfeld am betrachteten Volumen V mechanische Arbeit $-dt \int p \, \vec{v} \cdot d\vec{A}$, um gegen den

Druck p die Menge dM in das Volumen zu bringen. Die eingeströmte kine-
tische Energie und die aufgebrachte mechanische Arbeit führen zu einer
Änderung des Energieinhalts des Volumens $\left(\frac{\partial}{\partial t} \int\limits_V \frac{\rho}{2} v^2 \, dV \right) dt$. Nach dem
Energieerhaltungssatz gilt

$$- \int\limits_A \left(p + \frac{\rho}{2} v^2 \right) \vec{v} \cdot d\vec{A} = \frac{\partial}{\partial t} \int\limits_V \frac{\rho}{2} v^2 \, dV \ . \tag{5.1}$$

Wird diese Gleichung mit den Mitteln der Vektoranalysis in die diffe-
rentielle Form überführt, so erhält man die Eulersche Differentialgleichung, die mit den notwendigen Rand- und Anfangsbedingungen des
betrachteten Gebiets das Strömungsverhalten eines Fluids mit konstanter Dichte ρ beschreibt. Im vorliegenden Fall interessieren zwei
Integrale dieser Gleichung, die man am einfachsten dadurch erhält,
daß das betrachtete Volumen V geschickt gewählt wird. Zur Vereinfachung der Rechnung wird angenommen, daß das Fluid inkompressibel ist,
d.h. daß die Dichte ρ im ganzen Strömungsfeld konstant ist.

Diese Annahme ist auch für Gase berechtigt, solange die vorkommenden
Strömungsgeschwindigkeiten v erheblich unter der betreffenden Schall-
geschwindigkeit c liegen, v << c.

Zunächst wird ein Volumenelement der Länge dr längs einer Stromlinie
gewählt (Bild 5.3).

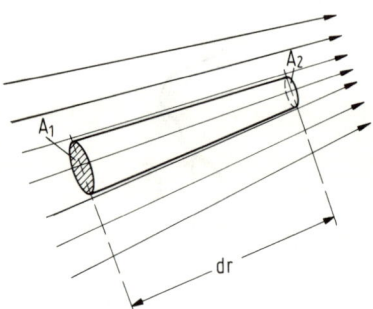

Bild 5.3. Zur Energiebilanz im Strömungsfeld

Die Mantellinien des Konus sollen parallel zu den benachbarten Stromlinien verlaufen, so daß längs der Mantellinien kein Fluid aus dem
Volumenelement austritt oder in es eintritt. Das Fluid tritt durch
die Fläche $A_1 = A(r)$ senkrecht ein und durch die Fläche $A_2 = A(r+dr)$
wieder aus. Mit den Indizes 1 für den Eintritt und 2 für den Austritt

erhalten wir aus Gl. (5.1)

$$v_1 A_1 \left(p_1 + \frac{\rho}{2} v_1^2 \right) - v_2 A_2 \left(p_2 + \frac{\rho}{2} v_2^2 \right) = \frac{\partial}{\partial t} \frac{\rho}{2} v^2 \frac{A_1 + A_2}{2} dr = \rho v \frac{\partial v}{\partial t} \frac{A_1 + A_2}{2} dr \ .$$

Für das betrachtete Volumenelement gilt neben dem Energieerhaltungssatz auch der Massenerhaltungssatz (Kontinuitätsgleichung): Bei inkompressiblen Medien ist das einströmende Volumen gleich dem ausströ-
menden:

$$v_1 \, A_1 = v_2 \, A_2 \qquad\qquad \frac{d V_{in}}{dt} = \frac{d V_{aus}}{dt}$$

Läßt man die Länge dr des Volumenelementes gegen Null gehen, wird

$$\frac{A_1 + A_2}{2} = A_1 \quad , \quad p_1 - p_2 = \frac{\partial p(r)}{\partial r} dr$$

und

$$\frac{\rho}{2} v_1^2 - \frac{\rho}{2} v_2^2 = \frac{\rho}{2} \frac{\partial v^2 (r)}{\partial r} dr \ .$$

Damit erhalten wir

$$\frac{\partial p}{\partial r} + \rho \frac{\partial v^2 / 2}{\partial r} = \rho \frac{\partial v}{\partial t} \ . \tag{5.2}$$

Diese Gleichung gilt längs einer Stromlinie. Zwischen den Stellen 1
und 2 einer Stromlinie gilt

$$p_1 - p_2 + \frac{\rho}{2} v_1^2 - \frac{\rho}{2} v_2^2 = \rho \int_1^2 \frac{\partial v}{\partial t} dr \ . \tag{5.3}$$

Für den stationären Zustand $\frac{\partial v}{\partial t} = 0$ geht Gl. (5.3) in die bekannte
Bernoullische Gleichung über

$$\frac{\rho}{2} v_1^2 + p_1 = \frac{\rho}{2} v_2^2 + p_2 \ . \tag{5.4}$$

Diese Gleichung läßt sich in Worten auch so beschreiben: Längs einer
Stromlinie ist der Energieinhalt pro Volumeneinheit konstant. Der

Energieinhalt setzt sich aus der kinetischen Energie $\rho\,\dfrac{v^2}{2}$ und einer potentiellen Energie, dem Druck p, zusammen.

In der Technik ist die Geschwindigkeit längs einer Stromlinie kaum von Interesse, wohl aber der Durchfluß durch eine Rohrleitung. Das Volumen, über das jetzt die Energiebilanz erstellt wird, erstreckt sich über den ganzen Rohrquerschnitt und reicht vom Querschnitt A_1 zum Querschnitt A_2 (Bild 5.4).

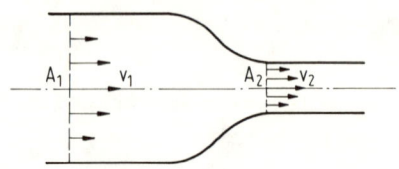

Bild 5.4. Strömung im Rohr

Für den stationären Zustand $\dfrac{\partial}{\partial t}\displaystyle\int_V \dfrac{\rho}{2}\,v^2\,dV = 0$ folgt aus Gl. (5.1)

$$\int_{A_1} p_1 v_1 dA_1 - \int_{A_2} p_2 v_2 dA_2 + \int_{A_1} \frac{\rho}{2}v_1^3 dA_1 - \int \frac{\rho}{2}v_2^3 dA_2 = 0 \quad . \tag{5.5}$$

In einer geraden Leitung werden nach einer genügend langen Einlaufstrecke in einer Strömung ohne Drall die Stromlinien im zeitlichen Mittel parallel zur Zylinderachse verlaufen. Auf ein Fluidelement kann deshalb keine Kraft senkrecht zur Rohrachse wirken oder in anderen Worten, der Druck über den ganzen Querschnitt ist konstant. Damit ist $\int p_i\, v_i\, dA_i = p_i \int v_i\, dA_i$. Außerdem gilt die Kontinuitätsgleichung $\int_{A_1} v_1\, dA_1 = \int v_2\, dA_2$. Führt man in Gl. (5.5) eine mittlere Geschwindigkeit $\overline{v_i^n}$ im Querschnitt nach der Definition $\boxed{\overline{v_i^n} = \dfrac{1}{A_i}\int v_i^n\, dA_i}$

und einen Profilbeiwert β_i nach der Definition $\beta_i = \overline{v_i^3}\big/\overline{v_i}^{\,3}$ ein, so ergibt sich für die technisch wichtige Größe $\overline{v_i}$

$$p_1 + \frac{\rho}{2}\,\beta_1\,\overline{v}_1^2 = p_2 + \frac{\rho}{2}\,\beta_2\,\overline{v}_2^2 \;. \tag{5.6}$$

Das ist die Bernoullische Gleichung für den Fluidtransport in Rohren. Der Durchfluß Q, der Quotient aus dem Fluidvolumen dV und der Zeit dt, ist mit der mittleren Strömungsgeschwindigkeit durch die Beziehung

$$Q = \int_{A_i} v_i \; dA_i = \overline{v_i}\cdot A_i \tag{5.7}$$

verknüpft.

Gl. (5.6) und Gl. (5.7) ergeben

$$p_1 - p_2 = Q^2\,\frac{\rho}{2}\left\{\frac{\beta_2}{A_2^2} - \frac{\beta_1}{A_1^2}\right\} \;. \tag{5.8}$$

Diese Gleichung ist die Grundlage für die wichtigste Methode der Durchflußmessung (s.Abschnitt 5.2).

Reale Fluide haben eine endliche Zähigkeit oder auch Viskosität. In der Strömung treten Energieverluste durch Reibung auf.

Wir betrachten den eindimensionalen Fall der laminaren (geschichteten) Strömung in einer Rohrleitung konstanten Querschnitts (Bild 5.5).

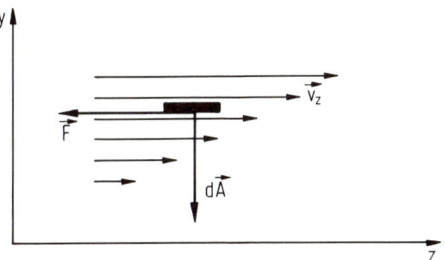

Bild 5.5. Zähe laminare Strömung

Ist ein Geschwindigkeitsgefälle $\partial v_z / \partial y$ senkrecht zur Strömungsrichtung vorhanden, so entsteht zwischen zwei benachbarten parallelen Schichten eine Schubspannung τ_{zy}, die nach dem Newtonschen Ansatz für viele Stoffe gegeben ist durch

$$\tau_{zy} = -\,\eta\,\frac{\partial v_z}{\partial y} \;. \tag{5.9}$$

Die Proportionalitätskonstante η ist die Zähigkeit. Eine Einheit von
η ist das Poise; ein Poise = 1 P = 0,1 Pas. Die Kraft, die von der
Strömung auf ein Flächenelement dA ausgeübt wird, ist

$$F = \tau_{zy} \, dA = -\eta \, \frac{\partial v_z}{\partial y} \, dA \quad .$$

Der allgemeine Zusammenhang zwischen der Schubspannung und der Geschwindigkeit ist durch eine tensorielle Beziehung gegeben. Für den
eindimensionalen Fall genügt die obige Beschreibung.

In einer Leitung mit kreisförmigem konstantem Querschnitt wird sich
ein rotationssymmetrisches Geschwindigkeitsprofil $v_z = v(r), v_y = v_x = 0$
ausbilden. Auf ein Volumenelement, bestehend aus einem Kreishohlzylin-
der mit der Wandstärke dr (Bild 5.6), übt die Strömung die Kraft F
aus,

$$F = (p_1 - p_2) \, 2\pi r \, dr + 2\pi (r+dr) \, \eta \, dz \, \frac{\partial v(r+dr)}{\partial r} - 2\pi r \, dz \, \eta \, \frac{\partial v(r)}{\partial r} \quad .$$

Die in der Zeit dt von der Strömung geleistete Arbeit dA = F·v·dt
wird in eine Änderung der kinetischen Energie dE des Volumenelementes umgesetzt:

$$dE = \frac{\partial}{\partial t} \left(2\pi r \, dz \, dr \, \frac{\rho}{2} \, v^2 \right) \cdot dt \quad .$$

Für kleine dz und kleine dr erhält man, wenn die Differenzen durch
Differentialquotienten ersetzt werden

$$v \cdot dt \left\{ - \frac{\partial p}{\partial z} \, 2\pi r \, dr \, dz + 2\pi r \eta \, dr \, dz \, \frac{\partial^2 v(r)}{\partial r^2} + 2\pi r \, dr \, dz \, \eta \, \frac{\partial v(r)}{\partial r} \right\}$$

$$= 2\pi r \, dz \, dr \cdot \rho v \, \frac{\partial v}{\partial t} \cdot dt$$

und daraus

$$\frac{\partial v}{\partial t} + \frac{1}{\rho} \frac{\partial p}{\partial z} - \nu \left(\frac{\partial^2 v}{\partial r^2} + \frac{1}{r} \frac{\partial v}{\partial r} \right) = 0 \quad . \tag{5.10}$$

Dabei ist $\nu = \frac{\eta}{\rho}$ die kinematische Zähigkeit. Die Gleichung ist die
bekannte Navier-Stokes-Gleichung für die eindimensionale, rotationssymmetrische laminare Strömung. Wegen der Kontinuität ist bei
konstantem Querschnitt $\frac{\partial v}{\partial z} = 0$, $v(r,z) = v(r)$. Im stationären Zustand
erhält man eine partielle Differentialgleichung, bei der die linke

Seite nur von z, die rechte nur von r abhängt

$$\boxed{\frac{1}{\rho}\frac{\partial p}{\partial z} = \nu\,\frac{1}{r}\frac{\partial}{\partial r}\left(r\,\frac{\partial v}{\partial r}\right)} \; .$$
                                                          (5.11)

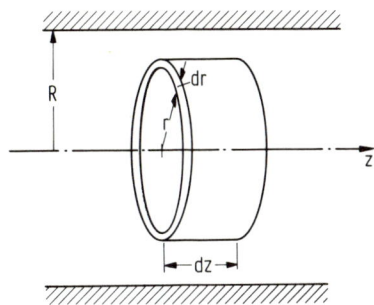

Bild 5.6. Fluidelement bei der laminaren Strömung

Das ist nur möglich, wenn beide Ausdrücke gleich einer Konstanten, hier -A gesetzt werden.

Mit den Randbedingungen $v(R) = 0$ und $\dfrac{dv(0)}{dr} = 0$ erhält man die Geschwindigkeit

$$v = \frac{A}{4\nu}\,(R^2 - r^2)$$

und den Durchfluß   (5.12)

$$Q = \pi R^2\,\bar{v} = 2\pi \int_0^R vr\,dr = \frac{\pi}{8}\frac{A}{\nu}R^4 \quad .$$

Der Druckverlust in der Leitung über die Länge 1 wird

$$\Delta p = \int_0^1 \frac{dp}{dz}\,dz = \rho A\cdot 1 \quad .$$
                                                          (5.13)

Aus den Gln. (5.12) und (5.13) erhält man für den Zusammenhang zwischen dem Druckverlust und der mittleren Geschwindigkeit bzw. dem Durchfluß die Beziehung von Hagen-Poiseuille

$$\Delta p = \frac{8\,1\,\eta}{\pi R^4}\,Q = \frac{8\,1\,\eta}{R^2}\,\bar{v} \quad .$$
                                                          (5.14)

Nach Gl. (5.12) ist das Geschwindigkeitsprofil einer laminaren zähen
Strömung parabelförmig (Bild 5.7).

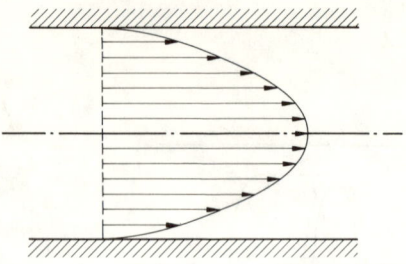

Bild 5.7. Geschwindigkeitsprofil der laminaren Strömung

Die Schubspannung erreicht am Rand den höchsten Wert. Die maximale
Geschwindigkeit v(0) ist doppelt so groß wie die mittlere Geschwindigkeit $\bar{v}$.

Die Grundannahmen und Kenntnisse über reale Fluide sind in der
Navier-Stokes-Gleichung, die oben für die eindimensionale Strömung
hergeleitet wurde, enthalten. Eine Lösung unter den entsprechenden
Randbedingungen ist die Hagen-Poiseuille-Strömung.

Reynolds' Versuche und Ähnlichkeitsbetrachtungen ergaben bei höheren
Geschwindigkeiten gravierende Abweichungen von der Hagen-Poiseuille-
Gleichung. Es ist daher zu vermuten, daß die Hagen-Poiseuille-Strömung nicht die einzige Lösung für diese Randbedingungen ist, auch
wenn weitere Lösungen bis jetzt noch nicht analytisch dargestellt
werden konnten.

Reynolds experimentierte mit Röhren verschiedener Weite, bei verschiedenen Druckgefällen und verschiedener mittlerer Geschwindigkeit.
Durch Einfärben von Fluidteilchen machte er die Stromlinien in Glas-
röhren experimentell sichtbar. Er beobachtete, daß sich die Stromlinien bei größeren Geschwindigkeiten auflösen, es setzt die sog.
turbulente Strömung mit statistisch schwankenden Geschwindigkeitskomponenten senkrecht zur Rohrachse ein, das Hagen-Poiseuille-Gesetz
wird nicht mehr bestätigt.

Setzt man die Gültigkeit der Navier-Stokes-Gleichung voraus, so können daraus Ähnlichkeitsgesetze für ähnliche Anordnungen hergeleitet
werden. Die Bedeutung solcher Ähnlichkeitsgesetze ist deshalb besonders groß, weil analytische Lösungen der Navier-Stokes-Gleichung in
den meisten Fällen nicht zur Verfügung stehen.

Wir betrachten zwei Anordnungen, dabei sei der Rohrdurchmesser von
der Anordnung 1 auf die Anordnung 2 entsprechend der Beziehung
$D_2 = \alpha\, D_1$ geändert. Damit ändern sich alle Koordinaten im Raum ebenfalls mit α

$$x_2 = \alpha\, x_1 \quad , \quad y_2 = \alpha\, y_1 \quad , \quad z_2 = \alpha\, z_1 \; .$$

Die mittlere Geschwindigkeit, die Dichte, die kinetische Zähigkeit
und der Druck in Anordnung 1 seien mit den entsprechenden Größen in
Anordnung 2 durch folgende Beziehungen verbunden:

$$v_2 = \beta\, v_1 \;,$$
$$\rho_2 = \gamma\, \rho_1 \;,$$
$$\nu_2 = \delta\, \nu_1 \;,$$
$$p_2 = \varepsilon\, p_1 \;.$$

$\alpha, \beta, \gamma, \delta, \varepsilon$ sind Konstante.

Ein experimentell festgestelltes Strömungsfeld in der Anordnung 1
ist eine Lösung der Navier-Stokes-Gleichung. Geht man auf die geometrisch ähnliche Ordnung 2 über, die durch den Ähnlichkeitskoeffi-
zienten α bestimmt ist, so erfüllt jedes Strömungsfeld der Anordnung 2 in jedem Punkt und zu jeder Zeit die Navier-Stokes-Gleichung.
Damit aber das Strömungsfeld von Anordnung 2 dem von Anordnung 1
im Sinne der Koeffizienten β, γ, δ und ε ähnlich ist, müssen diese
Koeffizienten bestimmte Bedingungen erfüllen.

Die Navier-Stokes-Gleichung im 3-dimensionalen Raum, die oben für
den eindimensionalen Fall hergeleitet wurde, lautet in Anordnung 1

$$\underbrace{\rho\, \frac{\partial \vec{v}_1}{\partial t} + \rho\, (\vec{v}_1\, \nabla)\cdot \vec{v}_1}_{\dfrac{d\vec{v}}{dt}} + \operatorname{grad} p - \rho\, \nu\cdot\Delta\, \vec{v}_1 = 0 \quad .$$

(In der Hydromechanik werden oft die beiden ersten Ausdrücke im sogenannten substantiellen Differentialquotienten der Geschwindigkeit
$\frac{d\vec{v}}{dt}$ zusammengefaßt.)

Soll das Strömungsfeld in Anordnung 2 dem von Anordnung 1 ähnlich sein,
muß gelten

1. $\rho_2 \dfrac{\partial \vec{v}_2}{\partial t} = \rho_1 \dfrac{\beta^2 \gamma}{\alpha} \dfrac{\partial \vec{v}_1}{\partial t}$ und $\rho_2 \left(\vec{v}_2 \nabla\right) \vec{v}_2 = \rho_1 \dfrac{\beta^2 \gamma}{\alpha} \left(\vec{v}_1 \nabla\right) \vec{v}_1$.

Dies folgt aus der Dimensionsbetrachtung $\dfrac{[v]}{[t]} = \dfrac{[v^2]}{[1]}$

2. $\operatorname{grad} p_2 = \dfrac{\varepsilon}{\alpha} \operatorname{grad} p_1$ und $\rho \, \nu_2 \cdot \Delta \, \vec{v}_2 = \dfrac{\beta \, \delta \, \gamma}{\alpha^2} \nu_1 \cdot \Delta \, \vec{v}_1$.

Damit wird die Navier-Stokes-Gleichung für Anordnung 2, wenn die
Größen $\vec{v}_2$, $\vec{p}_2$, ρ_2 und ν_2 durch die von Anordnung 1 ausgedrückt werden,

$$\frac{\beta^2 \gamma}{\alpha} \rho_1 \left\{\frac{\partial \vec{v}_1}{\partial t} + \left(\vec{v}_1 \nabla\right) \vec{v}_1\right\} + \frac{\varepsilon}{\alpha} \operatorname{grad} p_1 - \frac{\beta \, \delta \, \gamma}{\alpha^2} \nu_1 \Delta \, v_1 = 0 \quad .$$

Die Gleichung ist dann erfüllt, wenn

$$\frac{\beta^2 \gamma}{\alpha} = \frac{\varepsilon}{\alpha} = \frac{\beta \, \delta \, \gamma}{\alpha^2} \quad .$$

Der 1. Ausdruck durch den 3. dividiert gibt die Reynolds-Zahl

$$Re = \frac{v_1 \, D_1}{\nu_1} = \frac{v_2 \, D_2}{\nu_2} \quad . \tag{5.15}$$

Eine andere Kennzahl erhält man etwa durch Division des 2. durch das
1. Glied

$$\frac{p_1}{\rho_1 \, v_1^2} = \frac{p_2}{\rho_2 \, v_2^2} \quad .$$

p und v sind in der Navier-Stokes-Gleichung miteinander verknüpft.
Ist z.B. die Reynoldszahl in den Anordnungen 1 und 2 gleich, stellt
sich die letzte Beziehung von selbst ein.

Bei kleinen Reynolds-Zahlen bis etwa Re = 1500 wird die Hagen-
Poiseuille-Strömung bestätigt. Oberhalb einer kritischen Reynolds-
Zahl Re_{krit}, deren Wert wesentlich von der Art des Zuflusses zum
Rohr abhängt, tritt Turbulenz auf. Große kinematische Zähigkeit ν

wirkt dämpfend auf Seitenbewegungen, die für Turbulenz charakteristisch sind.

Der Profilbeiwert β ändert seinen Wert sprunghaft bei Erreichen der kritischen Reynolds-Zahl. Für die laminare zähe Strömung ist der Profilbeiwert β = 2. Beim Umschlagen in turbulente Strömung fällt β fast auf den Wert eins, dem es sich mit wachsender Reynolds-Zahl asymptotisch nähert (Bild 5.8). β = 1 entspricht einem Rechteckprofil, d.h. v = const über den ganzen Rohrleitungsquerschnitt.

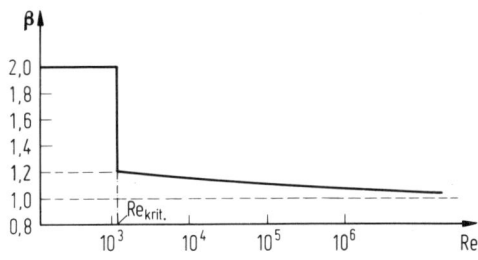

Bild 5.8. Durchflußbeiwert und Reynoldszahl

Bei der Durchflußmessung wird meist der Volumenstrom Q, der durch den Quotienten des Volumens dV und der Zeit dt gegeben ist, gemessen. Volumina von Fluiden sind druck- und temperaturabhängig. In der Technik wird daher mit dem Gewichtsdurchfluß oder auch Durchsatz G gerechnet. Der Zusammenhang zwischen Volumenstrom und Durchsatz ist gegeben durch

$$G = \rho \cdot g \cdot Q \qquad \text{(g Erdbeschleunigung)} \quad .$$

5.2 Durchflußmessung mit Drosselgeräten

Die am häufigsten verwendete Methode zur Durchflußmessung in Rohren
ist der Einbau von Querschnittsverengungen (Drosselgeräten). Man
mißt den dabei entstehenden Druckabfall und schließt daraus mit
Hilfe der Bernoullischen-Gleichung auf den Durchfluß.

Das am weitesten verbreitete Drosselorgan ist die Blende, eine Platte, die zwischen zwei Flanschen in die Rohrleitung eingebaut wird
und in deren Mitte eine Bohrung angebracht ist (Bild 5.9).

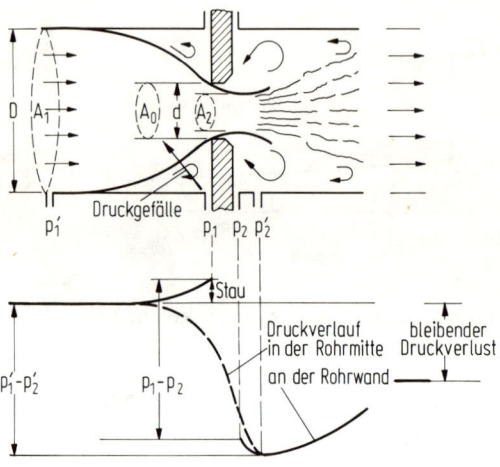

Bild 5.9. Strömung durch eine Blende

Die Bernoullische Gleichung für die mittlere Strömungsgeschwindigkeit in der Rohrleitung ist nach Gl. (5.6)

$$\frac{\rho}{2} \beta_1 \bar{v}_1^2 + p_1' = \frac{\rho}{2} \beta_2 \bar{v}_2^2 + p_2' \quad .$$

Dabei ist p_1' der Druck vor der Einschnürung, p_2' der Druck an der eng-
sten Stelle.

Die Kontinuitätsgleichung fordert durch jeden Querschnitt gleichen
Durchfluß:

$$A_1 \bar{v}_1 \rho = A_2 \bar{v}_2 \rho \quad . \tag{5.16}$$

Aus den Gleichungen (5.6) und (5.16) errechnet sich der Durchfluß Q
zu

$$Q = \bar{v}_2\, A_2 = \frac{A_2}{\sqrt{\beta_2 - \beta_1 \left(\dfrac{A_2}{A_1}\right)^2}} \sqrt{\frac{2}{\rho}\,(p_1 - p_2)} \cdot \quad \text{s. auch} \qquad (5.17)$$

Die Bernoullische Gleichung gilt für ein ideales Fluid. Die Abweichungen von der idealen Strömung, bedingt durch die endliche kinematische Zähigkeit, äußert sich im wesentlichen in zwei Punkten

1. Zur Überwindung der Reibungskräfte muß ein zusätzlicher Druck
   aufgebracht werden.
2. Das Stromlinienbild wird durch die Zähigkeit entscheidend
   verändert.

Durch die Reibungskräfte werden die randnahen Schichten abgebremst,
der Druckverlust ist etwas größer als der für ideale Fluide errech-
nete. Die Abweichungen werden in Gl. (5.7) durch den Profilbeiwert β
berücksichtigt. Schwerwiegende Abweichungen vom idealen Stromlinienbild mit $\beta = 1$ ergeben sich jedoch dort, wo kinetische Energie in
Druckenergie umgewandelt wird, in unserem Fall also hinter dem Drosselgerät. Die langsamen Randschichten des Strahles werden bei einer
Verzögerung, also bei einer Querschnittserweiterung bis auf die Geschwindigkeit $v = 0$ abgebremst, sie kehren ihre Geschwindigkeits-
richtung sogar um. Diese Rückströmung führt zur Ablösung der Strömung
von der Wand und zur Wirbelbildung. Derart gravierende Störungen des
idealen Stromlinienbildes treten nicht in beschleunigten, sondern nur
in verzögerten Strömungen auf. Grundsätzlich wäre es möglich, die
Druckdifferenz am Drosselorgan und weit dahinter abzunehmen. Die übliche Entnahme vor der Verengung bringt den Vorteil, daß in einem von
der idealen Strömung nur wenig abweichenden Strömungsfeld gemessen
wird. Den Druckverlauf der idealen und realen Strömung zeigt Bild 5.9.
Nach der Einschnürung wird die Abweichung der realen von der idealen
Strömung besonders groß. Der Druck vor der Einschnürung wird nicht
wiedergewonnen.

Genauere Betrachtungen zeigen, daß der Strahl seinen kleinsten Querschnitt nicht in der Blende hat. Der kleinste Querschnitt wird vielmehr kurz nach der Blende erreicht. Dieser Sachverhalt wird durch
die empirisch erfaßte Kontraktionszahl $\mu = A_2/A_0$ berücksichtigt.
Mit dem Öffnungsverhältnis $m = A_0/A_1$ wird der Durchfluß

$$Q = \mu \, A_o \, \bar{v}_2 = \frac{\mu \, A_o}{\sqrt{\beta_2 - \beta_1 \, m^2 \, \mu^2}} \sqrt{\frac{2}{\rho} \left(p_1^* - p_2^* \right)} \quad . \tag{5.18}$$

Die Druckentnahme in einigem Abstand vom Drosselgerät ist unpraktisch.
DIN 1952 sieht deshalb Druckentnahmen unmittelbar an der Blende vor
(Bild 5.9). Der Fehler, der dadurch entsteht, wird durch einen Beiwert
ξ berücksichtigt.

$$Q = \frac{\xi \, \mu \, A_o}{\sqrt{\beta_2 - \beta_1 \, m^2 \, \mu^2}} \sqrt{\frac{2}{\rho} \left(p_1 - p_2 \right)} \quad . \tag{5.19}$$

Die bei jeder Anwendung erforderliche Bestimmung von μ, ξ und β wäre
ein sehr aufwendiges Verfahren. Man faßt deshalb diese Größen in der
Durchflußzahl α zusammen

$$\alpha = \frac{\mu \, \xi}{\sqrt{\beta_2 - \beta_1 \, m^2 \, \mu^2}} \tag{5.20}$$

und bestimmt deren Abhängigkeit vom Öffnungsverhältnis m und von der
Reynolds-Zahl Re: $\alpha = \alpha \, (Re, m)$. Dabei ist auf genügend lange Ein-
lauf- und Auslaufstrecken vor und nach der Blende zu achten, damit
sich die der Reynolds-Zahl entsprechenden Profile voll ausbilden können.

Die Ähnlichkeitsbetrachtung mit Hilfe der Reynolds-Zahl setzt voll-
ständige geometrische Ähnlichkeit voraus. In der Praxis wäre es sehr
umständlich, für verschieden große Durchmesser ähnliche Rohrrauhigkeit, definiert durch die mittlere Erhebung k im Verhältnis zum Rohrdurchmesser D, herzustellen, denn k/D ist für große Rohrdurchmesser
D zwangsläufig kleiner als für kleine D. Daher wird die Durchflußzahl α nach DIN 1952 nicht nur in Abhängigkeit vom Öffnungsverhältnis m und von der Reynolds-Zahl, sondern auch in Abhängigkeit von der
Rohrrauhigkeit k/D angegeben.

$$\alpha = \alpha \left(Re, \, m, \, \frac{k}{D} \right) = \alpha_o \cdot f_1 \cdot f_2 \quad . \tag{5.21}$$

Dabei ist α_o die Durchflußzahl für $Re \to \infty$, f_1 berücksichtigt die Abweichungen durch die kinematische Zähigkeit, f_2 die Abweichungen
durch die Rohrrauhigkeit (Bild 5.10).

Drosselgeräte verursachen bleibende Druckverluste, die wirtschaftliche Verluste bedeuten. Für die Abschätzung des bleibenden Druckverlustes bei Blenden gilt folgende empirische Formel:

$$p_v = (1-m)\ \Delta p \ .$$ (5.22)

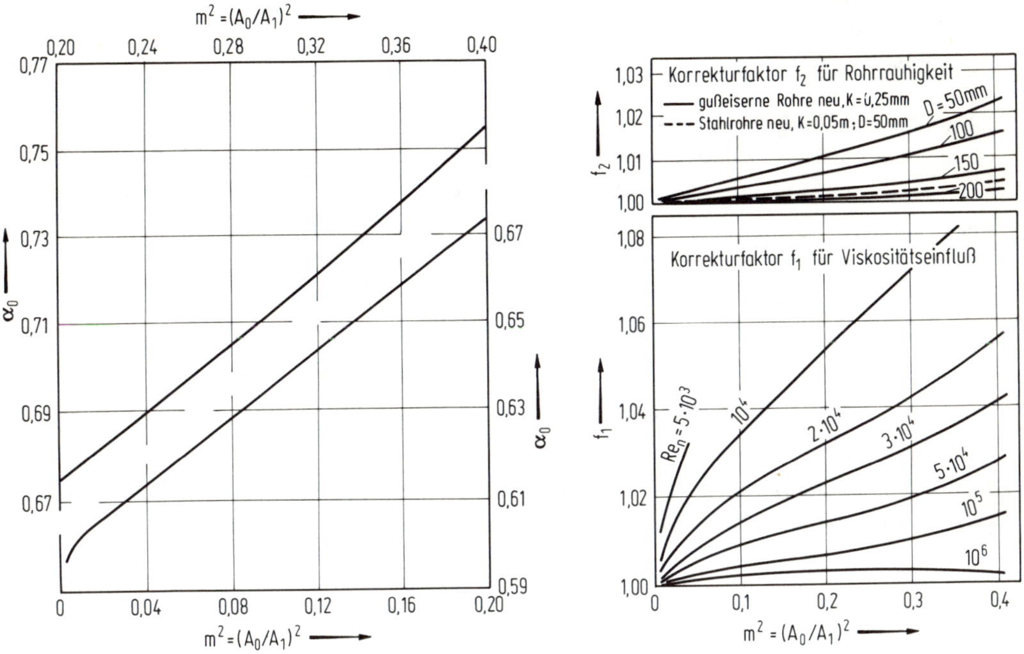

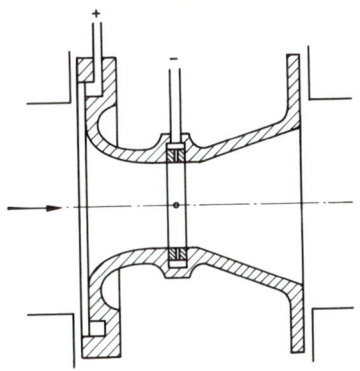

Bild 5.10. Durchflußzahlen α_o, f_1, f_2 für Normblenden

Durch Verwendung von Düsen oder Venturi-Rohren (Bild 5.11) lassen sich bleibende Druckverluste erheblich verringern. Die Diffusoten bei den Venturi-Rohren verhindern weitgehend die Ablösung der Strömung von der Wand und damit die verlustreiche Wirbelbildung.

Bild 5.11. Normventuridüse

Nach Einführung einer Expansionszahl $\varepsilon < 1$ lassen sich die Durch-
flüsse von kompressiblen Medien formal wie bei inkompressiblen behandeln:

$$Q = \alpha \, A_0 \, \varepsilon \, \sqrt{\frac{\rho}{2}\left(p_1 - p_2\right)} \, . \tag{5.23}$$

ε liegt sehr nah bei eins. Für ein Druckverhältnis $\frac{p_2}{p_1} > 0,95$
ist $\varepsilon > 0,98$.

Pumpen, Kolbenverdichter und schlecht gedämpfte Regelkreise verursachen eine pulsierende Strömung. Die Durchflußmessung soll unabhängig
davon den zeitlichen Mittelwert erfassen. Für den instationären Fall
ergibt sich aus Gl. (5.3)

$$Q = \alpha \, A_0 \, \sqrt{\frac{2}{\rho}\left(p_1 - p_2 - \rho \int_1^2 \frac{\partial v}{\partial t} \, ds\right)} \, . \tag{5.24}$$

$\int \frac{\partial v}{\partial t} \, ds$ beinhaltet Beschleunigungs- und Verzögerungskräfte. Wie oben
erwähnt, lassen sich Strömungsverhältnisse realer Fluide, bei denen
Beschleunigungskräfte auftreten, durch die Bernoullische-Gleichung
gut beschreiben. Die Wirkung von Verzögerungskräften wird dagegen
nicht in vollem Umfang erfaßt. Im zeitlichen Mittel bleibt der Aus-
druck $\int_1^2 \frac{\partial v}{\partial t} \, ds$ daher positiv, der Durchfluß wird deshalb bei pulsie-
render Strömung im zeitlichen Mittel zu groß gemessen.

Ein weiterer Fehler entsteht durch die Art der Verarbeitung der
Druckdifferenz $p_1 - p_2$. Oft wird die Druckdifferenz mit einem Differenzdruckmeßumformer gemessen, der den zeitlichen Mittelwert $\overline{p_1 - p_2}$, nicht
aber $\overline{Q}$ erfaßt. Es entsteht ein Fehler, den wir im folgenden berechnen
wollen.

Der Durchfluß sei gegeben durch

$$Q = Q_0 + Q_1 \sin \omega t = \alpha \, A_0 \, \sqrt{\frac{2}{\rho}\left(p_1 - p_2\right)} \, . \tag{5.25}$$

Der zeitliche Mittelwert wird

$$\overline{Q} = Q_0 = \alpha \, A_0 \, \sqrt{\frac{2}{\rho}\left(p_1 - p_2\right)} \quad . \tag{5.26}$$

Aus $\overline{p_1 - p_2} = \dfrac{\rho}{2A_o^2\,\alpha^2}\,\overline{Q^2} = \dfrac{\rho}{2A_o^2\,\alpha^2}\left(Q_o^2 + \overline{Q_1^2\,\sin^2\omega t} + \overline{2Q_1\,Q_o\,\sin\omega t}\right)$

$$= \dfrac{\rho}{2A_o^2\,\alpha^2}\left(Q_o^2 + \dfrac{Q_1^2}{2}\right) = \dfrac{\rho}{2A_o^2\,\alpha^2}\,Q_o^2\left(1 + \dfrac{Q_1^2}{2Q_o^2}\right)$$

erhalten wir für kleine Pulsationen $Q_1^2 \ll 2Q_o^2$

$$Q_o = \alpha\,A_o\,\sqrt{\tfrac{2}{\rho}\,\overline{(p_1 - p_2)}}\left(1 - \dfrac{Q_1^2}{4Q_o^2}\right) \tag{5.27}$$

und einen relativen Fehler

$$F_r = -\left(\dfrac{Q_1}{2Q_o}\right)^2\;.$$

Auch hier wird der Durchfluß zu groß gemessen. Abhilfe bei kompressiblen Medien schaffen Speichervolumina und Drosselstrecken vor der
Meßstelle. Die Anschaffungs- und Betriebskosten solcher Einrichtungen
sind jedoch hoch.

Die an Drosselgeräten auftretende Druckdifferenz wird mit Differenzdruckmeßumformern erfaßt. Da ein lineares Ausgangssignal erwünscht
ist, enthalten die Differenzdruckmeßumformer Radizierschaltungen,
die ein Signal proportional $\sqrt{p_1 - p_2}$ liefern. Für die Radizierung
werden gängige elektrische Methoden benutzt, z.B. der Hallmultipli-
kator, alle Arten von elektrischen Analogmultiplizierern, oder Mul-
tiplizierer nach dem Time-division-Verfahren. Bild 5.12 zeigt das
Signalflußbild einer Durchflußmessung mit einem Drosselgerät.

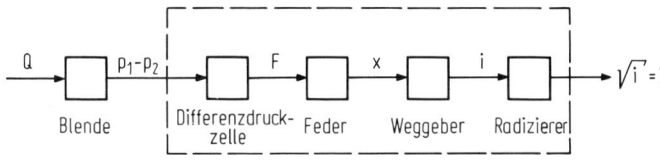

Bild 5.12. Signalfluß im Differenzdruck-Umformer

Bei der Messung mit Differenzdruckmeßumformern entstehen durch die
quadratische Kennlinie (Bild 5.13) besondere Probleme.

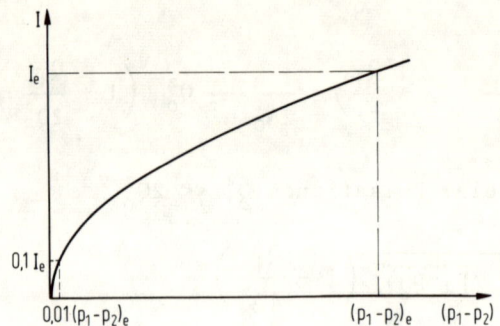

Bild 5.13. Kennlinie des Durchflußmeßumformers

Bei kleinem Durchfluß, d.h. bei kleinem Wirkdruck p_1-p_2, verursachen
schon kleine Fehler bei der Wirkdrucksmessung beträchtliche Fehler
im Meßsignal I. Mit $I = A \sqrt{p_1-p_2}$ als Ausgangssignal bei p_1-p_2 und
$I_e = A \sqrt{(p_1-p_2)_e}$ als Ausgangssignal beim Endwert $(p_1-p_2)_e$ erhält
man den auf den Endwert bezogenen relativen Fehler

$$F_r = \frac{\Delta I}{I_e} = \frac{I_e}{I} \frac{\Delta (p_1-p_2)}{2 (p_1-p_2)_e}$$

$$F_{rI} = \frac{I_e}{2I} F_{r \Delta p} \qquad v.E.$$

(5.28)

Ein relativer Fehler im Wirkdruck von $\dfrac{\Delta (p_1-p_2)}{(p_1-p_2)_e} = 0,2\%$ v.E. verursacht bei einem Durchfluß von 10% des maximalen Durchflusses, d.h.
$I_e/I = 10$, einen Durchflußmeßfehler von 1% v.E.

Im Bereich 20% bis 100% v.E. arbeiten gute Differenzdruckmeßumformer
mit einem Fehler von weniger als 1% v.E.

Neben dieser guten Genauigkeit hat vor allem die einfache Installa-
tion und der geringe Aufwand an Geräten für die weite Verbreitung
dieses Durchflußmeßverfahrens gesorgt.

5.3 Induktive Durchflußmessung

Bei der induktiven Durchflußmessung wird von der Wirkung eines Mag-
netfeldes auf bewegte Materie Gebrauch gemacht. Das Induktionsgesetz
(2. Maxwellsche Gleichung) lautet

$$\frac{d\phi}{dt} = \frac{d}{dt} \int \vec{B} \cdot d\vec{A} = -\int \operatorname{rot} \vec{E} \cdot d\vec{A} = -\oint \vec{E} \cdot d\vec{s} \quad . \tag{5.29}$$

Dabei ist ϕ der magnetische Fluß durch die Fläche $\vec{A}$, $\vec{B}$ die magnetische Induktion und $\vec{E}$ die elektrische Feldstärke. Mit dem Differen-
tial-Operator $\frac{d}{dt}$ ist die totale Flußänderung der Induktion $\vec{B}$ durch
die Fläche $\vec{A}$ gemeint. Die Ursache einer solchen Flußänderung kann
eine Änderung von $\vec{B}$, aber auch eine Änderung der Fläche $\vec{A}$ sein. Eine
Induktionswirkung entsteht immer bei einer relativen Bewegung zwischen Feld und Beobachter.

In Bild 5.14 ist eine beliebig gewählte Fläche $\vec{A}$ zu sehen, die sich
mit der Geschwindigkeit $\vec{v}$ relativ zum Magnetfeld bewegt. In der Zeit
dt legt die Fläche den Weg $\vec{v}dt$ zurück.

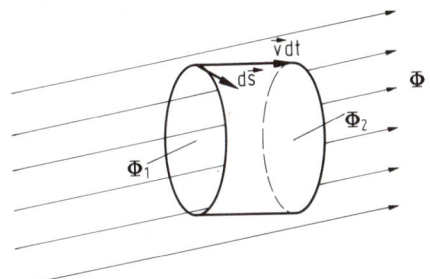

Bild 5.14. Bewegte Fläche im magnetischen Fluß

ϕ_1 ist der Fluß durch $\vec{A}$ zur Zeit t, ϕ_2 der Fluß durch $\vec{A}$ zur Zeit
t + dt. Das Hüllenintegral des Flusses über die Zylinderoberfläche
$\vec{A}_g$, die aus der Fläche $\vec{A}$ zur Zeit t, der Fläche $\vec{A}$ zur Zeit t + dt
und der Mantelfläche $\oint d\vec{s} \times \vec{v}dt$ besteht, ist

$$\int_{A_g} \vec{B} \cdot d\vec{A} = \phi_2 - \phi_1 + \oint \vec{B} \left(d\vec{s} \times \vec{v}dt \right) \quad .$$

Nach der Maxwellschen Theorie ist div $\vec{B}$ im Raum identisch Null und
damit auch über beliebige Volumina

$$\int_A \vec{B} \cdot d\vec{A} = \int_V \operatorname{div} \vec{B} \, dV = 0 \quad .$$

Mit $d\phi = \phi_2 - \phi_1$ als Flußänderung durch $\vec{A}$ in der Zeit dt und der Umformung $\vec{B} \left(d\vec{s} \times \vec{v}dt \right) = \left(\vec{v} \times \vec{B} \right) d\vec{s} \, dt$ erhalten wir

$$\frac{d\phi}{dt} = - \oint \left(\vec{v} \times \vec{B} \right) \, d\vec{s} = - \oint \vec{E} \cdot d\vec{s} \, . \tag{5.30}$$

Diese Gleichung gilt für den Rand beliebiger Flächen, der Integrand beider Seiten ist daher identisch. Die induzierte Feldstärke wird

$$\vec{E}_{ind} = \vec{v} \times \vec{B} \, . \tag{5.31}$$

Die übliche Darstellung der Maxwell-Gleichung in Differentialform lautet

$$\vec{i} + \frac{\partial \vec{D}}{\partial t} = \text{rot } \vec{H}$$

$$\frac{\partial \vec{B}}{\partial t} = - \text{ rot } \vec{E} \, .$$

Beschränkt man sich auf quasistationäre Vorgänge $\frac{\partial \vec{D}}{\partial t} = 0$ und auf konstante magnetische Induktion $\frac{\partial \vec{B}}{\partial t} = 0$, so folgt

$$\text{div } \vec{i} = 0 \quad \text{und} \quad \vec{E} = - \text{ grad } U \, . \tag{5.32}$$

Das Ohmsche Gesetz für einen relativ zum Magnetfeld bewegten Leiter lautet mit σ als elektrischer Leitfähigkeit

$$\vec{i} = \sigma \left(\vec{E} + \vec{E}_{ind.} \right) = \sigma \left\{ - \text{ grad } U + \left(\vec{v} \times \vec{B} \right) \right\} \, . \tag{5.33}$$

Mit $\text{div } \vec{i} = 0$ ergibt sich die Grundgleichung der induktiven Durchflußmessung

$$\Delta U = \text{div } \left(\vec{v} \times \vec{B} \right) \, . \tag{5.34}$$

Mit der Umformungsgleichung $\nabla \left(\vec{v} \times \vec{B} \right) = \vec{B} \cdot \left(\nabla \times \vec{v} \right) - \vec{v} \cdot \left(\nabla \times \vec{B} \right)$ wird

$$\Delta U = \text{div } \left(\vec{v} \times \vec{B} \right) = \vec{B} \cdot \text{rot } \vec{v} - \vec{v} \cdot \text{rot } \vec{B} \, .$$

Bei der induktiven Durchflußmessung wird die Bewegung von leitenden Medien in starken Magnetfeldern betrachtet. Der Term rot $\vec{B}$ stammt,

wie aus der Maxwell-Gleichung ersichtlich, von den kleinen Strömen,
die induziert werden. Er kann deshalb in erster Näherung vernachlässigt werden. Die Hauptgleichung für die induktive Durchflußmessung
wird damit

$$\Delta\,U\ =\ \vec{B}\cdot rot\ \vec{v}\ .$$

(5.35)

Die schematische Grundanordnung für die Rechnung zeigt Bild 5.15.

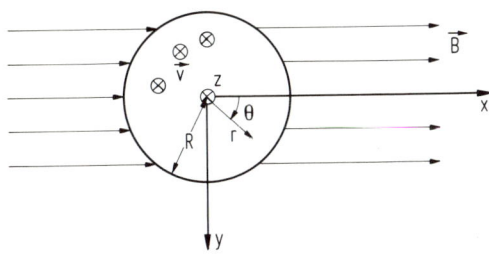

Bild 5.15. Grundanordnung bei der induktiven Durchflußmessung

Ein kreisförmiges Rohr wird in z-Richtung vom Meßstoff durchflossen.
Senkrecht zur Durchflußrichtung, hier in x-Richtung, wirkt ein homogenes Magnetfeld $\vec{B} = (B_x, 0, 0)$. Das Rohr sei aus nichtleitendem Material $\sigma(R) = 0$. Damit lassen sich die Randbedingungen zur Lösung von
Gl. (5.35) wie folgt festlegen:

1. An der Rohrwand ist die Strömungsgeschwindigkeit sowohl in
    Normal- als auch in Tangentialrichtung gleich Null:

$$v_N(R)\ =\ v_T(R)\ =\ 0\ .$$

2. Wegen div i ist der elektrische Strom am Rand in Richtung der
    Normalen gleich Null:

$$i_N(R)\ =\ 0\ =\ -\ \sigma\,\frac{\partial\,U(R)}{\partial r}\ .$$

Zur Vereinfachung der Rechnung gehen wir von einem symmetrischen Profil aus $\vec{v} = (0,0,v_z)$, $v_z = v(r)$.

Die Berechtigung zu dieser Annahme zeigen folgende Überlegungen: In

einem langen geraden zylindrischen Rohr (Bild 5.15) muß im zeitlichen
Mittel $\overline{v(r)} = \overline{v_z(r)}$ sein. Kurzfristig können aber auch wegen Turbu-
lenz und Wirbelbildung Geschwindigkeitskomponenten in x- und y-Rich-
tung auftreten. Im zeitlichen Mittel sind jedoch die statistischen
Geschwindigkeitsschwankungen v` ohne Einfluß auf den mittleren
Durchfluß. Zur Abschätzung dieses Einflusses sollen auch statistische
Schwankungen B` der magnetischen Induktion zugelassen werden. Es sei

$$v = \overline{v} + v`$$

$$B = \overline{B} + B`$$

$$\overline{v`} = 0 \;, \; \overline{B`} = 0 \;.$$

Damit gilt

$$v \times B = (\overline{v} \times \overline{B}) + (\overline{v} \times B`) + (v` \times \overline{B}) + (v` \times B`) \quad;$$

die drei letzten Summanden sind im zeitlichen Mittel gleich Null;
die ersten beiden davon verschwinden wegen $\overline{B`} = \overline{v`} = 0$, der letzte
Summand, weil v` und B` unkorreliert oder voneinander statistisch
unabhängig sind. Für den Mittelwert $\overline{v \times B}$ gilt somit

$$\boxed{\overline{v \times B} = \overline{v} \times \overline{B}} \;.$$

Die Hauptgleichung (5.35) wird in einer Anordnung (Bild 5.15)

$$\Delta U = B_x \frac{dv(r)}{dy}$$

$$= B_x \frac{dv(r)}{dr} \cdot \frac{dr}{dy} = B_x \frac{dv(r)}{dr} \cdot \sin\theta \tag{5.36}$$

(θ Winkel zwischen r und x-Achse).

Mit dem Laplace-Operator Δ in den Zylinderkoordinaten r und θ gilt

$$\frac{\partial^2 U}{\partial r^2} + \frac{1}{r}\frac{\partial U}{\partial r} + \frac{1}{r^2}\frac{\partial^2 U}{\partial\theta^2} = B_x \frac{dv(r)}{dr} \sin\theta \;. \tag{5.37}$$

Mit dem Produktansatz $U = Z(r) \cdot \sin\theta$ erhalten wir

$$r^2 \, Z'' + r \, Z' - Z = B_x \cdot r^2 \cdot \frac{dv(r)}{dr}$$

$$\frac{\partial}{\partial r} \left(r^2 \, Z' - r \, Z \right) = B_x \, r^2 \, \frac{dv(r)}{dr} \quad .$$

Integrieren wir beide Seiten in den Grenzen $r = 0$ bis $r = R$, so erhalten wir

$$R^2 \, Z'(R) - R \, Z(R) = B_x \left\{ r^2 \cdot v(r) \Big|_0^R - 2 \int_0^R r \cdot v(r) \, dr \right\}$$

und unter Berücksichtigung der Randbedingungen $Z'(R) = 0$ und $v(R) = 0$

$$Z(R) = \frac{2B_x}{R} \int_0^R r \, v(r) \, dr \quad .$$

Zwischen Rohrmitte und Rand liegt demnach eine Potentialdifferenz

$$U_R = Z(R) \sin \theta = \frac{2B_x}{R} \sin \theta \int_0^R r \, v(r) \, dr \quad .$$

Mit dem Durchfluß Q durch die Rohrleitung $Q = 2\pi \int_0^R r \cdot v(r) \, dr$ und der mittleren Strömungsgeschwindigkeit $\bar{v} = Q/\pi R^2$ ergibt sich für die Spannung U_D über einen Durchmesser D

$$\boxed{U_D = 2U_R = \frac{2B_x \cdot Q}{\pi R} \sin \theta = 2B_x \cdot R \, \bar{v} \sin \theta} \qquad (5.38)$$

Die Spannung ist proportional der mittleren Strömungsgeschwindigkeit, sie ist unabhängig vom Geschwindigkeitsprofil $v(r)$ und ist dann am größten, wenn sie längs der y-Achse abgegriffen wird ($\sin \theta = 1$). Eine eingehende Rechnung zeigt, daß eine feste Beziehung zwischen der Spannung U_D und der mittleren Geschwindigkeit $\bar{v}$ nur für rotationssymmetrische Profile $v_z(r)$ gilt. Bei allgemeinen Profilen $v_z(r, \theta)$ hängt die Spannung vom Profil ab.

Diese Spannung, die linear vom Durchfluß abhängt, wird in den induktiven Durchflußmessern zur Durchflußmessung benutzt (Bild 5.16).

In einem nichtleitenden Rohrleitungsstück werden senkrecht zum Magnetfeld B zwei Elektroden angebracht, an denen die induzierte Spannung gemessen wird. Die Spannungsmessung kann nicht stromlos erfol-

gen; eine,wenn auch geringe elektrische Leitfähigkeit,des strömenden
Mediums muß vorhanden sein. In wässerigen Lösungen können an den
Elektroden Polarisationsspannungen auftreten, die den eigentlichen
kleinen Meßeffekt empfindlich überdecken. Um solche Effekte zu vermeiden, arbeiten die induktiven Durchflußmesser in der Praxis mit
Wechselmagnetfeldern. Dadurch entsteht jedoch eine andere Störgröße:
Das Wechselmagnetfeld induziert in der Meßschleife (1'-1-2-2', Bild
5.16) eine zusätzliche Spannung, die sich der Meßspannung überlagert. Deshalb muß bei der Verlegung der Zuführungen zu den Elektroden darauf geachtet werden, daß ein möglichst kleiner Fluß die Meßschleife durchdringt. Zwar läßt sich die Störspannung in der Praxis
nicht gänzlich vermeiden, doch kann sie mit Hilfe von phasenempfind-
lichen Gleichrichtern von der Meßspannung getrennt werden, da sich
beide Spannungen in der Phase um $\pi/2$ unterscheiden.

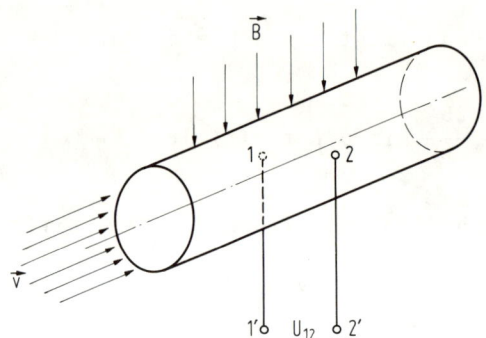

Bild 5.16. Grundanordnung eines induktiven Durchflußmessers

Eine weitere Schwierigkeit bereitet die unbestimmte Lage des
elektrischen Potentials des strömenden Mediums. Da aus diesem Grund
keine Elektrode geerdet werden kann, muß der Meßverstärker als Dif-
ferenzverstärker geschaltet sein.

Die Meßspannung wurde als Leerlaufspannung hergeleitet. Sie muß
extrem hochohmig verarbeitet werden, damit die wechselnde Leitfähigkeit des strömenden Mediums keine Verfälschung verursacht.

Der Meßeffekt ist relativ klein: z.B. mit R = 2,5 cm, v = 10 m/s
und B = 0,3 Vs/m^2 wird U_D = 1,5 mV.

Eine technische Ausführung eines induktiven Durchflußmessers zeigt
Bild 5.17.

Die grundsätzlichen Vorteile induktiver Durchflußmesser liegen im

linearen Zusammenhang zwischen Durchfluß und Signal und in der vom
Strömungsprofil unabhängigen Messung. Pulsation in der Strömung wird
richtig erfaßt und gemittelt. Weitere Vorteile bringt der ungestörte
Strömungsverlauf im Rohr. Die Messung ist fast gegen jede Art von
Verschmutzung unempfindlich, da Fremdkörper sich an der Meßstelle
nicht ablagern können. Druckverluste wie bei Drosselgeräten treten
nicht auf. In einem weiten Meßbereich von etwa 5% bis 100% des maximalen Durchflusses beträgt die Meßunsicherheit weniger als 1% v.E.

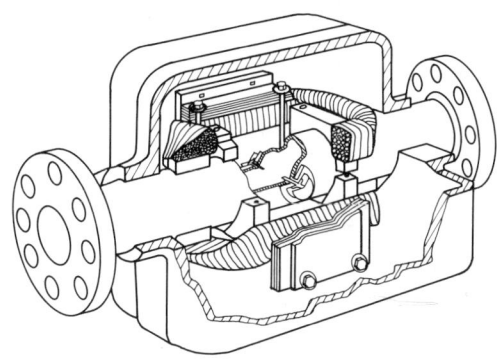

Bild 5.17. Schnittbild eines induktiven Durchflußmessers

Nachteilig ist der hohe Preis, der durch den erforderlichen starken
Magneten und den Einbau eines nichtleitenden Rohrstücks verursacht
wird.

5.4 Turbinenmesser

Turbinenmesser verwenden ein Flügelrad in der Rohrleitung, das von
der Strömung in Drehung versetzt wird (Bild 5.18). Die Drehgeschwindigkeit ist der Strömungsgeschwindigkeit bzw. dem Durchfluß proportional.

Ein im Abstand r von der Achse mitbewegter Beobachter sieht den Flügel mit der Geschwindigkeit $\vec{v}_g$ angeströmt. $\vec{v}_g$ setzt sich aus der
Strömungsgeschwindigkeit $\vec{v}$ und der Drehgeschwindigkeit $\vec{\omega} \times \vec{r}$ ($\vec{\omega}$ Winkelgeschwindigkeit des Flügelrads) zusammen (Bild 5.19).

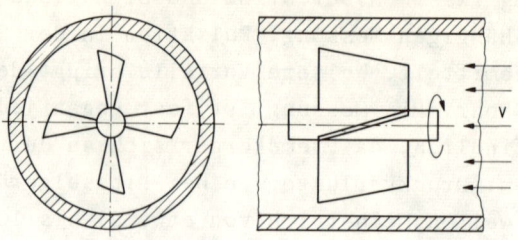

Bild 5.18. Turbinenmesser, Prinzip

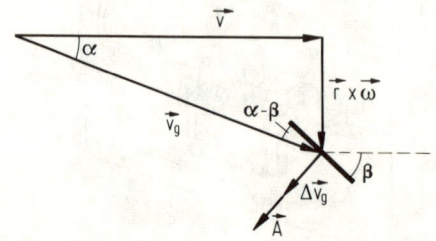

Bild 5.19. Anströmung eines Flügels

Ist das Flügelrad sehr leicht beweglich, so übt $\vec{v}_g$ keine Kraft darauf aus; der Einstellwinkel β ist in diesem Fall gleich dem Anstellwinkel α. Daher gilt

$$r \, \omega = v \, \tan \beta = v \, \tan \alpha \quad . \tag{5.39}$$

Dies ist die Bewegungsgleichung des idealen Turbinenmessers. Die Strömungsgeschwindigkeit v im Rohr ist von r abhängig v = v(r). Die Flügel eines idealen Turbinenmessers sind abhängig von r so geschränkt, daß Gl. (5.39) bei gegebenem ω für jeden Wert r gilt.

In der Praxis muß das Flügelrad mechanische Arbeit leisten, um die Lagerreibung zu überwinden und evtl. - wie beim Woltmanzähler - einen Zähler anzutreiben.

Über die Kräfte, die ein Flügel in einem Strömungsfeld erfährt, gibt die Aerodynamik Aufschluß. Hier sollen mit folgenden einfachen Annahmen die Kräfte auf die Flügel angegeben werden: Wir nehmen an, daß die Strömung mit der vom Flügel ungestörten Geschwindigkeit $\vec{v}_g$ auf den Flügel trifft und parallel zur Flügeloberfläche abfließt. Dabei erhält die Strömung eine Geschwindigkeitsänderung $\Delta\vec{v}_g$. Die Größe der Kraft auf die Flügel erhält man aus dem Impulssatz.

Der Massenstrom auf die gesamte Flügelfläche $\vec{A}$ ist

$$-\rho \; \vec{v}_g \cdot \vec{A} = -\rho \; v_g \; A \; \cos\left[\frac{\pi}{2} + (\beta-\alpha)\right] = \rho \; v_g \; A \; \sin(\beta-\alpha) \quad .$$

Die Geschwindigkeitsänderung $\Delta \; v_g$, die mit der Richtung von $\vec{A}$ zusammenfällt ist

$$\Delta \; v_g = v_g \; \sin(\beta-\alpha) \quad .$$

Nach dem Impulssatz ist die Kraft der Strömung auf den Flügel

$$F = -\frac{dJ}{dt} = -\rho \; \vec{v}_g \cdot \vec{A} \; \Delta \; v_g$$

oder

$$F = -\rho \; v_g^2 \; A \; \sin^2 (\beta-\alpha) \quad .$$

Das Minuszeichen weist darauf hin, daß die Kraft auf die Flügel entgegengesetzt der in Bild 5.19 gezeichneten Flächennormalen von A ist.

Im stationären Betrieb ist das zur Überwindung der Lagerreibung und zum Betreiben des Zählwerks notwendige Moment M_r dem Betrag nach gleich dem Moment M, das die Strömung an den Flügeln erzeugt. Mit einem effektiven Radius r_e der Flügelfläche wird das antreibende Moment M auf die Achse des Zählers

$$M = F \; r_e \; \cos \beta \quad .$$

Mit $v_g = v/\cos \alpha$ gilt für das Antriebsmoment

$$M_r = \frac{\rho \; v^2 \; r_e \; A \; \sin^2(\beta-\alpha) \; \cos\beta}{\cos^2\alpha} \quad .$$

Für kleine Reibungsmomente ist $\beta-\alpha \ll 1$. Damit gilt

$$M_r \approx \frac{\rho \; v^2 \cdot A \cdot r_e}{\cos \beta} \; (\beta-\alpha)^2 \quad . \tag{5.40}$$

Entwickelt man $\tan \alpha$ in eine Taylor-Reihe um den Punkt $\alpha = \beta$ und bricht die Reihe nach dem zweiten Glied ab

$$\tan \alpha = \tan \beta - \frac{(\beta-\alpha)}{\cos^2 \beta} ,$$

so erhält man, ausgehend von der Beziehung $\frac{r_e \omega}{v} = \tan \alpha$ (Gl. 5.39), die Bewegungsgleichung des realen Flügelrads zu

$$r_e \omega = v \tan \alpha = v \left\{ \tan \beta - \frac{(\beta-\alpha)}{\cos^2 \beta} \right\} ,$$

oder wenn man $(\beta-\alpha)$ aus Gl. (5.40) einsetzt

$$r_e \omega = \tan \beta \left\{ v - \sqrt{\frac{M_r}{\rho A r_e}} \cdot \frac{1}{\sin \beta \, (\cos \beta)^{\frac{1}{2}}} \right\} \qquad (5.41)$$

Bild 5.20 zeigt diesen Zusammenhang. Das Flügelrad läuft erst bei einer Geschwindigkeit v_o an

$$v_o = \sqrt{\frac{M_r}{\rho A r_e}} \cdot \frac{1}{\sin \beta \, (\cos \beta)^{\frac{1}{2}}} \qquad (5.42)$$

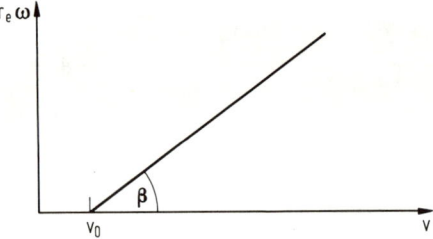

Bild 5.20. Kennlinie des Turbinenmessers

Kleines Moment M_r, große Dichte ρ und große Flügelfläche A sind im Hinblick auf eine kleine Anlaufströmungsgeschwindigkeit v_o vorteilhaft. Den optimalen Einstellwinkel β für kleine v_o erhält man aus der Forderung $\sin \beta \, (\cos \beta)^{\frac{1}{2}} \overset{!}{=} Max.$ zu $\beta \approx 55^o$.

Die auch heute noch gebräuchlichste Art von Turbinenmessern ist der
Woltmanzähler, bei dem ein reibungsarmes Getriebe ein Zählwerk an-
treibt. Bild 5.21 zeigt verschiedene technische Ausführungen.

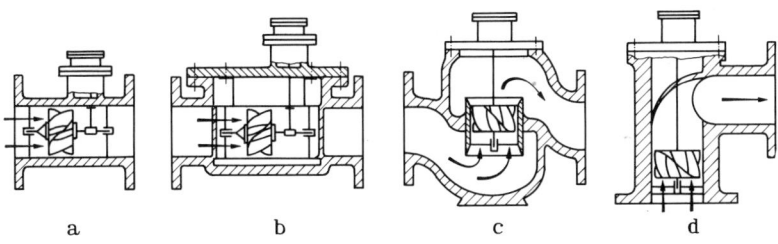

a   b   c   d

Bild 5.21 Verschiedene Bauarten von Voltmannzählern

Ein wesentlich günstigeres Verhalten in Hinsicht auf kleine Anlauf-
strömungsgeschwindigkeiten zeigen Turbinenmesser mit induktivem Abgriff (Bild 5.22)

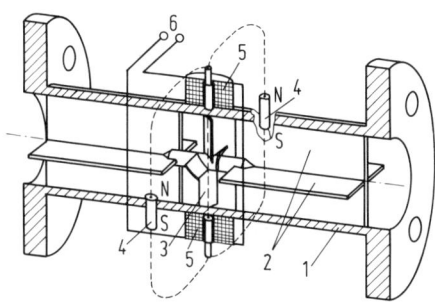

Bild 5.22. Turbinenmesser mit induktivem Abgriff
           1 = Gehäuse, 2 = Strömungsrichter, 3 = Rotor,
           4 = Permanentmagnete, 5 = Induktionsspule,
           6 = Impulsausgang

Bei diesen Turbinenmessern ist mindestens ein Flügelpaar aus ferromagnetischem Material. Bei jeder Umdrehung schließt jedes ferromag-
netische Flügelpaar zweimal einen magnetischen Kreis, der von Permanentmagneten außerhalb der Rohrleitung erzeugt wird. Durch die
Flußänderung werden in einer Spule Spannungsimpulse induziert,
deren Frequenz proportional dem Durchfluß ist.

Turbinenmesser erfassen den Durchfluß mit hoher Genauigkeit. Der Feh-

ler ist kleiner als 0,5% v.E. Das Ausgangssignal ist linear vom Durchfluß abhängig. Turbinenmesser haben einen kleinen Strömungswiderstand
und sind kaum anfällig gegen Verschmutzungen des Meßstoffes. Pulsierende Strömungen werden bis etwa 10 Hz voll erfaßt. Bei korrosiven
Meßstoffen sind Werkstoffprobleme zu beachten, die besonders für die
Materialpaarung Achse/Lagerschale entscheidend wichtig sind.

5.5 Volumenmesser

In Volumenmessern wird der Meßstoff fortwährend in bekannte Volumina
abgefüllt und die Zahl der Füllungen erfaßt. Die Zahl der Füllungen
pro Zeiteinheit gibt den Durchfluß an. Volumenmesser sind in sehr
vielen Bauarten verbreitet. Als Beispiel soll im folgenden ein Verdrängungszähler behandelt werden.

5.5.1 Verdrängungszähler

Verdrängungszähler sind Volumenmesser mit beweglichen Meßkammerwän-
den. Der bekannteste Verdrängungszähler ist der Ovalradzähler (Bild
5.23).

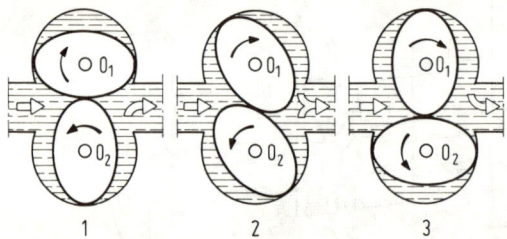

Bild 5.23. Funktionsweise des Ovalradzählers

In einer Meßkammer sind zwei Ovalzahnräder, die ineinandergreifen.
In Stellung 1 wird von der Strömung auf das Ovalrad O_1 ein Drehmoment
ausgeübt, auf das Ovalrad O_2 wegen der zur Achse symmetrischen Belastung dagegen nicht.

In Stellung 2 wirkt auf beide Ovalräder ein Drehmoment, so daß sie
sich im ursprünglichen Drehsinn weiterdrehen. Dabei wird das zwi-

schen Meßkammerwand und Ovalrad O_1 befindliche Volumen ausgeschoben.
In Stellung 3 hat das Ovalrad O_2 das entsprechende Volumen abge-
sperrt, um es bei einer weiteren Drehung auszuschieben. Der Ovalradzähler hat im Drehmoment keine Totpunkte, er läuft in jeder Stellung
an, der Meßstoffstrom fließt ununterbrochen, allerdings nicht ganz
gleichmäßig.

Verdrängungszähler werden mit sehr engen Toleranzen gefertigt, die
Spaltenbreite liegt zwischen 0,03 und 0,1 mm. Trotzdem fließt Meßstoff durch die Spalten, der im Zählwerk nicht erfaßt wird. Dadurch
wird ein Fehler verursacht. Um diesen Fehler abzuschätzen, nehmen wir
an, daß in den Spalten eine zähe Strömung nach Hagen-Poiseuille vorliegt. Der Druckabfall Δp längs einer Spalte ergibt sich nach Gl. (5.14)

$$\Delta p = \eta \cdot w(d) \cdot Q \quad . \hspace{4cm} (5.43)$$

Dabei ist Q der Durchfluß durch die Spalte, η die Zähigkeit des Meß-
stoffs und $w(d)$ ein Beiwert, der die Geometrie der Spalte, insbesondere die Breite der Spalte berücksichtigt.

Der Zähler als ganzes hat im Betrieb bleibende Druckverluste, wie
z.B. eine Blende. Die Beziehung zwischen dem Durchfluß Q und dem
Druckabfall Δp_z über dem Zähler ist analog zu Gl. (5.19)

$$Q^2 = C^2 \, \Delta p_z \quad . \hspace{4cm} (5.44)$$

Die Spalten im Zähler lassen sich grob in zwei Arten aufteilen: Bewegliche Spalten zwischen den Ovalrädern und der Meßkammerwand und feste
Spalten zwischen den Stirnseiten der Ovalräder und den planen Deckel-
flächen der Meßkammer.

Bewegliche Spalten stehen unter einer Druckdifferenz Δp_b. Die Strömung übt auf die Ovalräder die Kraft $F_w \cdot \Delta p_b$ aus, F_w ist dabei die
wirksame Fläche, auf die die Druckdifferenz Δp_b wirkt. Im stationären
Zustand steht diese Kraft im Gleichgewicht mit der Kraft R, die sich
aus der Reibungskraft und der Kraft zum Antrieb des Zählwerks zusammensetzt.

$$R = F_w \cdot \Delta p_b = \eta \, w_b(d) \cdot Q_b \quad . \hspace{3cm} (5.45)$$

Dabei ist Q_b der Durchfluß durch die beweglichen Spalten.

Die festen Spalten stehen unter der Druckdifferenz Δp_z. Der Zusammenhang zwischen dem Durchfluß Q_f durch die festen Spalten und der Druckdifferenz Δp_z ist nach Gl. (5.43)

$$\Delta p_z = \eta \; w_f(d) \cdot Q_f \; . \tag{5.46}$$

Damit und mit den Gleichungen (5.44 und 5.45) ergibt sich für den
gesamten Durchfluß durch die Spalten, d.h. für die Spaltenverluste Q_v

$$Q_v = Q_f + Q_b = \frac{Q^2}{C^2 \; \eta \; w_f(d)} + \frac{R}{F_w \; \eta \; w_b(d)} \; . \tag{5.47}$$

Der relative Fehler F_r der Durchflußmessung mit Ovalradzähler ist
damit

$$F_r = - \frac{Q}{C^2 \; \eta \; w_f(d)} - \frac{R}{F_w \; \eta \; w_b(d) \cdot Q} \tag{5.48}$$

Diese Beziehung wird durch die empirisch bestimmten Fehlerkurven in
erster Näherung bestätigt (Bild 5.24)

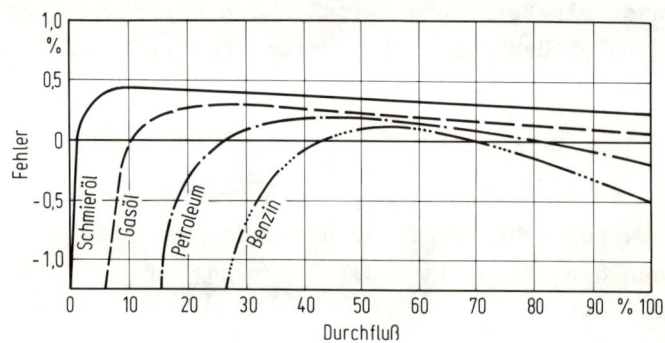

Bild 5.24. Durchflußfehlerkurven für verschiedene Stoffe

Mit wachsender Zähigkeit von Benzin bis zu Schmieröl wird der Fehler
kleiner. Der Anteil der Verluste an den beweglichen Spalten ist bei
kleinen Durchflüssen besonders hoch, bei großen Durchflüssen überwiegt der linear mit dem Durchfluß anwachsende Fehler, der durch die
Verluste an den festen Spalten verursacht wird.

Allgemeine Fehlergrenzen von Verdrängungszählern für verschiedene Bereiche lassen sich kaum angeben. Ausgezeichnete Genauigkeiten mit
einem relativen Fehler von 0,1% können erreicht werden.

6. Temperaturmessung

6.1 Temperatur und Wärmeübergang

Die Temperatur ist eine Größe, die zusammen mit anderen Größen den Wärmezustand eines Körpers beschreibt. Wir können die Temperatur unmittelbar wahrnehmen. Überall in der Haut sind Zellen, die wärme- oder kälteempfindlich sind und uns diesen Reiz zur Kenntnis bringen. Die Intensität der Empfindung ist eine verwickelte Funktion der Absoluttemperatur der Haut, ihrer Änderungsgeschwindigkeit sowie der Größe der gereizten Hautfläche. Eine objektive Temperaturerfassung, d.h. eine Temperaturmessung, wird deshalb schon seit langer Zeit betrieben.

Das bekannte Glas-Flüssigkeits-Thermometer wurde bereits im 17. Jahrhundert von Galilei erfunden. Der Meßeffekt beruht auf der unterschiedlichen Temperaturausdehnung von Flüssigkeit und Glas. Eine Gradeinteilung für die Temperatur erreicht man durch "Fixpunkte", z.B. Temperatur des Eispunktes und Temperatur des Siedepunktes von Wasser. Zwischen zwei Fixpunkten wird die Länge der Kapillare gleichmäßig in Grad eingeteilt.

Alle diese Gradeinteilungen und die darauf beruhende Definition der Temperatur befriedigen nicht, da sie von den beteiligten Stoffen (Thermometergefäß, Thermometerflüssigkeit) abhängig sind. Für die Messungen müssen Einflußgrößen auf vorgegebenen Werten gehalten werden. Vorschriften über die genaue Zusammensetzung der beteiligten Stoffe und dgl. kommen noch hinzu.

Angestrebt wird eine Temperaturdefinition, die von speziellen Stoffeigenschaften frei ist und auf allgemeinen Naturgesetzen beruht. Solche Gesetze sind die Gasgesetze von Gay-Lussac und Boyle-Mariotte. Beide Gesetze lassen sich kombiniert darstellen:

$$p \cdot V = p_0 \cdot V_0 \, (1 + \beta \Delta \theta) \, . \qquad (6.1)$$

Dabei ist p der Druck des Gases und V das Volumen des Gases bei der
Temperatur θ. Der Index o kennzeichnet diese Größen bei der Temperatur
θ_o. $\Delta\theta$ ist die Temperaturdifferenz $\Delta\theta = \theta - \theta_o$. Die Zustandsgrößen
p, V und θ sind dabei durch eine Gleichung, die Zustandsgleichung, mit-
einander verbunden. Sind zwei Größen gegeben, läßt sich die dritte
errechnen. Die Gleichung enthält keine Stoffkonstanten, sie war im
Rahmen der damaligen Untersuchungen für alle Gase gültig. Tatsächlich
wird die Beziehung (6.1) von vielen Gasen in einem weiten Druck- und
Temperaturbereich recht gut erfüllt. Verfeinerte Betrachtungen zeigen,
daß Gl. (6.1) die Zustandsgleichung des sog. idealen Gases, einer
theoretischen Abstraktion, ist. Der Ausdehnungs- und Spannungskoeffi-
zient β ist nur von der gewählten Temperaturskala abhängig, d.h. bei
gegebenem Temperaturmaßstab unabhängig von der Gasart. Benützt man
ein Gasthermometer (Bild 6.1), das mit konstantem Volumen $V = V_o$ arbeitet, wird die Temperaturmessung auf eine Druckmessung zurückgeführt,

$$p = p_o \ (1+\beta\Delta\theta) \qquad\qquad\qquad (6.2)$$

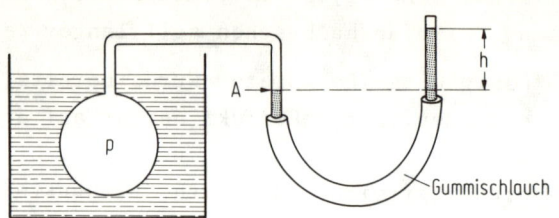

Bild 6.1. Gasthermometer: Durch Heben oder Senken des mit
          Quecksilber gefüllten Schlauches wird das linke
          Ende der Quecksilbersäule auf die Marke A gebracht
          und damit das Gasvolumen konstant gehalten

Bei der Temperaturmessung mit Hilfe des Gasthermometers gibt es einen
ausgezeichneten Punkt: der Druck p kann nicht kleiner als Null werden.
Als Nullpunkt für eine "absolute Temperatur" T wird man diese Temperatur wählen, für die der Druck eines idealen Gases Null ist. Auch weitere Überlegungen aus der Thermodynamik führen zu dieser Wahl des Null-
punktes: der thermodynamischen Temperaturskala. Aus Gl. (6.2) erhält
man am absoluten Nullpunkt als Beziehung zwischen dem Ausdehnungskoef-
fizienten β und der Bezugstemperatur θ_o die Beziehung $\beta\cdot\theta_o=1$.
Wir müssen nun entsprechend dieser Gleichung über den Ausdehnungskoef-
fizienten β verfügen oder die Bezugstemperatur θ_o festlegen.

In unserem Maßsystem wurde für θ_o aus historischen Gründen, um den
Anschluß an die Celsiusskala zu gewinnen, für den Schmelzpunkt des
Eises die absolute Temperatur T_o = 273,15 K (K Kelvin, die Einheit
der thermodynamischen Temperatur) gewählt. Der Zusammenhang zwischen der
Kelvin- und der Celsiusskala ist damit sehr einfach gegeben durch

$$\left(\frac{T}{K} \right) = \left(\frac{\theta}{^oC} \right) + 273,15 \quad . \tag{6.3}$$

Nach der internationalen Vereinbarung von 1967 wurde als Fixpunkt für
die thermodynamische Temperaturskala und als Fixpunkt für die Celsiusskala der Tripelpunkt des Wassers vorgeschrieben und mit 273,16 K bzw.
0,01 ^oC festgelegt.

Jede Messung bedeutet eine Veränderung des Zustandes des Meßobjekts.
Im Fall der Temperaturmessung muß Wärmeenergie vom Meßobjekt auf den
Temperaturfühler übertragen werden. Wärmeübertragung ist durch Leitung,
Konvektion und Strahlung möglich. Bei der Wärmeleitung findet die Ener-
gieübertragung ohne Stofftransport statt. Nach der Erfahrung fließt
Wärme immer von Stellen höherer zu Stellen niederer Temperatur. Bei
der Konvektion ist der Wärmetransport mit einem Stofftransport verbunden. Als Beispiel dafür kann ein Temperaturfühler dienen, der von
einem flüssigen Medium umströmt wird. Durch die Strömung wird immer
neue Wärmeenergie an den Fühler herangebracht. Für den Wärmeübergang
vom Medium zum Fühler ist aber wieder die Wärmeleitung bestimmend. Bei
der Temperaturmessung kommt Wärmeübertragung allein durch Konvektion
nicht vor, sondern neben Konvektion tritt zusätzlich noch Leitung auf.
Befindet sich ein Körper im Vakuum, in der Luft, ist er von einem für
elektromagnetische Strahlung durchlässigen Medium umschlossen, so sen-
det er abhängig von seiner Temperatur und seinen Materialeigenschaften
eine elektromagnetische Strahlung, die Temperaturstrahlung, aus.

Zur Temperaturmessung finden Berührungs- oder Kontaktthermometer Verwendung. Bei dieser Art von Thermometern wird Wärme vom Meßstoff zum
Fühler durch Leitung und Konvektion übertragen. Der Fühler soll dabei
die Temperatur des Objektes annehmen. Eine andere Art von Thermometern sind die Temperaturstrahlungsmesser oder Pyrometer, bei denen
aufgrund der vom Objekt emittierten Wärmestrahlung auf die Temperatur
des Objektes geschlossen wird.

6.2 Berührungsthermometer

Berührungs- oder Kontaktthermometer sollen bei der Temperaturmessung
die Temperatur des Meßobjekts annehmen. Dies geschieht durch den Wärmeübergang mit Konvektion und Leitung nur unvollkommen. Dadurch entstehen Meßfehler, die unabhängig vom Prinzip und der Wirkungsweise
des Meßfühlers sind. Es ist deshalb notwendig, bei der Temperaturmessung mit Berührungsthermometern die Wärmeübertragungsgesetze zu
diskutieren.

6.2.1 Wärmeübertragung durch Leitung und Konvektion bei Berührungs-
thermometern

Die Berechnung der Wärmeübertragung durch Leitung und Konvektion ist
im allgemeinen Fall sehr schwierig. Für unsere Abschätzungen ist es
ausreichend, die Wärmeleitung allein zu betrachten und vereinfacht zu
behandeln.

Die Temperatur θ, ein Maß für den Wärmezustand eines Körpers, ist nur
in Materie definiert. Sie ist dort eine eindeutige Größe und im allgemeinen stetig vom Ort und der Zeit abhängig. Es ist deshalb möglich,
die Funktion grad θ zu bilden, die in jedem Punkt des Körpers existiert
und eindeutig ist.

Für die Wärmeleitung in einem homogenen Körper gilt das empirische
Fouriersche Gesetz:

$$\vec{q} = -\lambda \ \text{grad} \ \theta. \tag{6.4}$$

Dabei ist $\vec{q}$ die Wärmestromdichte, λ die Wärmeleitfähigkeit, die von
den Eigenschaften der Materie abhängig ist, und grad θ der Gradient
der Temperatur. Die Wärmestromdichte $\vec{q}$ hat die Richtung des Temperaturgradienten und ist ihm proportional, d.h. ein großer Temperaturgradient
hat eine große Wärmestromdichte zur Folge. Das Minuszeichen in Gl. (6.4)
weist darauf hin, daß der Wärmefluß von Orten höherer zu Orten tieferer
Temperatur erfolgt. Die Gleichung gilt für Körper, in denen die Wärmeleitfähigkeit λ konstant oder eine stetige Funktion des Ortes ist.

Der Wärmestrom Φ durch ein Flächenelement $d\vec{A}$ errechnet sich aus dem
skalaren Produkt $\Phi = \vec{q} \cdot d\vec{A}$ und ist gleich dem Quotienten Wärmemenge
durch Zeit.

An Grenzflächen zwischen festen Körpern und Fluiden (Gasen oder Flüssigkeiten) gilt für den Wärmeübergang der Newtonsche Ansatz

$$\vec{q}_n = \alpha \ (\theta_1 - \theta_2) \tag{6.5}$$

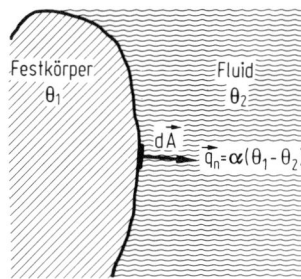

Bild 6.2. Wärmeübergang Festkörper - Fluid

Dabei ist $\vec{q}_n$ wieder die Wärmestromdichte. Die Richtung von $\vec{q}_n$ ist die Richtung der Flächennormalen (Bild 6.2) vom Festkörper mit der Temperatur θ_1 zum Fluid mit der Temperatur θ_2. α ist die Wärmeübergangszahl, die von der Geometrie des Festkörpers, der Art seiner Oberfläche, den Eigenschaften des Fluids und seiner Strömungsgeschwindigkeit abhängig ist; α wird empirisch bestimmt. Einige Werte der Wärmeeigenschaften fester Stoffe gibt Tabelle 6.1.

Tabelle 6.1 Wärmeeigenschaften einiger Stoffe

Stoff	Dichte	spez. Wärmekap.	Wärmeleit-fähigkeit	Wärmeübergangszahl[a]	
				an Luft	an Wasser
	kg/dm^3	$kJ/kg\ K$	W/Km	W/Km^2	
Aluminium	2,7	0,88	230		
Eisen, Stahl	7,7	0,46	45	47 - 82[b]	3500 - 24000[c]
Gold	19,3	0,13	310		
Kupfer	8,9	0,38	395	47 - 82[b]	9300 - 58000[c]
Beton	2,2	0,88	0,9		

[a]Gemessen an zylindrischen Rohren mit Durchmesser d bei der Strömungsgeschwindigkeit v.

[b]Der kleinere Wert gilt für d = 100 mm, v = 5 m/s; der größere für d = 25 mm, v = 5 m/s.

[c]Der kleinere Wert gilt für d = 17 mm, v = 1 m/s; der größere für d = 1,6 mm, v = 5 m/s.

Die Berechnung der Temperaturverteilung in einem Körper geschieht mit
Hilfe der Wärmebilanz. Die Wärmebilanz oder der Erhaltungssatz der
Energie gilt für jeden Volumenteil unabhängig davon, wie man dessen Begrenzung wählt. Nehmen wir ein beliebiges Volumen V mit der geschlossenen Oberfläche A, der Dichte ρ und der spezifischen Wärmekapazität
c an, ist die Wärmebilanz gegeben durch

$$\frac{\partial}{\partial t} \int_V \rho\, c\, \theta\, dV = - \int_A \vec{q} \cdot d\vec{A} = \int_A \lambda\, \text{grad}\, \theta \cdot d\vec{A} \; . \tag{6.6}$$

Das Integral der linken Seite gibt die im Volumen enthaltene Wärmemenge an, die Ableitung nach der Zeit die Änderungsgeschwindigkeit
derselben. Die rechte Seite ist der Wärmestrom durch die Oberfläche
in das Volumen. Wir haben im betrachteten Volumen keine Wärmequellen
und Wärmesenken (elektrische Heizung, chemische Reaktion) angenommen.
Die beiden Ausdrücke sind unter dieser Voraussetzung einander gleich.
Wenden wir auf die obige Beziehung den Gaußschen Satz der Vektoranalysis an, erhalten wir die Wärmeleitungsgleichung in differentieller
Form. Es gilt

$$\frac{\partial}{\partial t} \int_V \rho\, c\, \theta\, dV = \int_V \nabla\, (\lambda\, \text{grad}\, \theta)\, dV \quad .$$

Da das Volumen V beliebig gewählt werden kann, sind die Integranden
in jedem Raumpunkt gleich:

$$\frac{\partial}{\partial t} (\rho\, c\, \theta) = \nabla\, (\lambda \cdot \text{grad}\, \theta) \, , \tag{6.7}$$

∇ ist der Nabla-Operator, Δ der Laplace-Operator der Vektoranalysis;
in rechtwinkligen Koordinaten (x,y,z) ist

$$\nabla = i\frac{\partial}{\partial x} + j\frac{\partial}{\partial y} + k\frac{\partial}{\partial z} \quad ; \quad \Delta = \frac{\partial^2}{\partial x^2} + \frac{\partial^2}{\partial y^2} + \frac{\partial^2}{\partial z^2} \quad .$$

Ist die Dichte ρ , die spezifische Wärmekapazität c und die Wärmeleitfähigkeit λ im betrachteten Gebiet konstant, so gilt

$$\frac{\partial \theta}{\partial t} = \frac{\lambda}{\rho c} \, \Delta \theta = a \Delta \theta \; , \qquad a = \frac{\lambda}{\rho c} \; , \tag{6.7a}$$

a bezeichnet man als Temperaturleitfähigkeit; a ist eine Größe, die im Vergleich zur Wärmeleitzahl weniger von den Materialeigenschaften abhängig ist.

Eine Lösung der partiellen Differentialgleichung (6.7),(6.7a), die Temperaturverteilung für den speziellen Fall, kann nur gefunden werden, wenn zusätzlich Rand- und Anfangsbedingungen gegeben sind. Die Randbedingungen geben den Wärmeübergang an der Begrenzung des betrachteten Gebietes an, die Anfangsbedingungen die Temperaturverteilung im Gebiet zu Beginn des betrachteten Vorganges. Lösungen für technische Anordnungen führen im allgemeinen zu umfangreichen mathematischen Beziehungen.

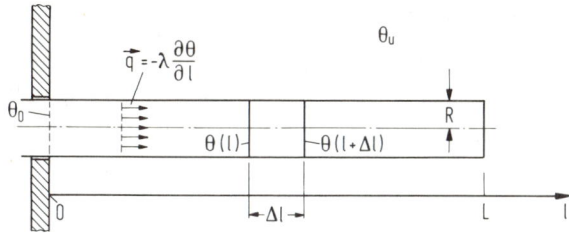

Bild 6.3. Zum stationären Fehler von Berührungsthermometern

Beispiel :

Wir betrachten einen stabförmigen Temperaturfühler, der in einen Meßstoff konstanter Temperatur θ_u eintaucht (Bild 6.3). Stationärer Zustand $\frac{\partial \theta}{\partial t} = 0$ wird angenommen. Zur Rechenerleichterung nehmen wir weiter an, daß sich die Temperatur über den Querschnitt im Vergleich zur Temperatur längs der Fühlerachse nur wenig ändert. Diese Annahme ist für einen Fühler mit einem kleinen Durchmesser-Längenverhältnis berechtigt. Die Wärmebilanz für ein zylindrisches Fühlerelement der Länge Δl ergibt dann folgende Beziehung:

$$2\pi R \Delta l \cdot \alpha \cdot (\theta(l) - \theta_u) = \lambda \left(-\frac{\partial \theta(l)}{\partial l} + \frac{\partial \theta(l+\Delta l)}{\partial l} \right) \pi R^2$$

$$= \lambda \pi R^2 \Delta l \, \frac{\partial^2 \theta(l)}{\partial l^2} \quad .$$

Die linke Seite gibt den Wärmestrom an, der pro Zeiteinheit über die
Oberfläche vom Fühlerabschnitt entsprechend dem Newtonschen Ansatz in
den Meßstoff hinausströmt. Der mit der Wärmeleitfähigkeit multiplizierte
Ausdruck ist der Wärmestrom, der im Innern des Fühlers in das Volumenelement der Länge Δl hineinströmt. Ist Δl verschwindend klein, so kann
der Ausdruck nach dem Mittelwertsatz der Differentialgleichung entsprechend der rechten Seite der Gleichung geschrieben werden.

Zur Lösung unseres Problems müssen noch die Randbedingungen angegeben
werden. Wir nehmen an, daß für $l=0$ die Temperatur θ durch die Temperatur der Behälterwand θ_o gegeben ist. Für das Fühlerende $l=L$ gilt

$$\pi R^2 \; \alpha \; (\theta_u - \theta(L)) = \pi R^2 \; \lambda \; \frac{\partial \theta(L)}{\partial l} \quad .$$

Die Gleichung drückt die Stetigkeit des Wärmestromes durch den Fühler-
boden aus: die vom Fluid in den Boden einströmende Wärme ist gleich
dem im Fühler abgeleiteten Wärmestrom. Eine weitere Randbedingung ist
durch die konstante Meßstofftemperatur θ_u längs des Fühlers gegeben.
Da hier der stationäre Fall behandelt wird, erübrigt sich eine Anfangsbedingung.

Wir führen eine Temperaturdifferenz $\theta^+ = \theta - \theta_u$ ein und erhalten

$$\frac{\partial^2 \theta^+}{\partial l^2} = \frac{2\alpha}{\lambda \cdot R} \; \theta^+ \qquad\qquad (6.8)$$

mit den Randbedingungen

$$\frac{\partial \theta^+(L)}{\partial l} = -\frac{\alpha}{\lambda} \; \theta^+ \quad , \qquad \theta^+(0) = \theta_o - \theta_u \quad .$$

Die allgemeine Lösung der Differentialgleichung ist

$$\theta^+ = A \; e^{kl} + B \; e^{-kl} \quad \text{mit } k = \sqrt{\frac{2\alpha}{\lambda R}} \quad .$$

Die Konstanten A und B werden aus den Randbedingungen bestimmt.

$$\theta_o - \theta_u = A + B \ ,$$

$$-\frac{\alpha}{\lambda} (A \ e^{kl} + B \ e^{-kl}) = kAe^{kl} - kBe^{-kl} \ .$$

Daraus folgt die Lösung für unseren Fall:

$$\theta^+ = \theta - \theta_u = (\theta_o - \theta_u) \cdot \frac{D \ e^{kl} + e^{-kl}}{D + 1} \ ,$$
mit

$$D = e^{-2kl} \frac{k - \frac{\alpha}{\lambda}}{k + \frac{\alpha}{\lambda}} \ .$$

Der temperaturempfindliche Teil unseres Thermometers sei nahe dem Endpunkt des Fühlers angebracht. Wir erhalten für die Temperatur des Endpunktes $\theta_e = \theta(L)$

$$\theta_e - \theta_u = (\theta_o - \theta_u) \frac{k}{k \ \cosh(kl) + \frac{\alpha}{\lambda} \ \sinh(kl)} \ .$$

Bei großen Längen L geht die Beziehung über in

$$\theta_e - \theta_u = (\theta_o - \theta_u) \cdot \frac{2}{1 + \sqrt{\frac{\alpha R}{2\lambda}}} \cdot e^{-\sqrt{\frac{\alpha R}{2\lambda}} \cdot \frac{2L}{R}} \ . \tag{6.9}$$

Die Fühlertemperatur stimmt demnach nicht mit der Temperatur des Meß-stoffes überein. Der Fehler ist umso größer, je größer die Differenz Außentemperatur-Meßstofftemperatur ist. Der Fehler wird umso kleiner, je größer wir das Verhältnis L/R Länge zum Radius des Fühlers wählen. Weiter ist es günstig, wenn der Ausdruck $\alpha R/2\lambda$ groß ist. Für die Messung mit Berührungsthermometern läßt sich aus dem Beispiel allgemein folgern: die Temperatur des Meßstoffes wird dann gut erfaßt, wenn der Wärmeübergang vom Meßstoff groß und die Wärmeableitung im Fühler klein ist.

Zum stationären Meßfehler kommen dynamische Fehler, die durch die endliche Einstellzeit des Berührungsthermometers bedingt sind. Auch hier
läßt sich das Zeitverhalten abschätzen. Man teilt dazu den Temperaturfühler in einen oder mehrere gut temperaturleitende Teile ein, in denen
kein wesentlicher Temperaturgradient herrscht, und berechnet den Wärmeübergang untereinander und zur Umgebung. Ein sehr vereinfachtes Beispiel für das Zeitverhalten eines Berührungsthermometers soll das Verfahren grundsätzlich zeigen.

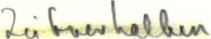

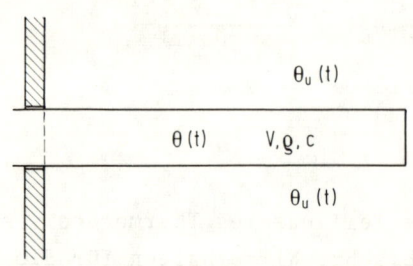

Bild 6.4. Zum dynamischen Fehler von Berührungsthermometern

Der Fühler in Bild 6.4 soll aus homogenem Material bestehen und die
Temperaturunterschiede im Fühler sollen im Vergleich zum Temperaturunterschied Fühler-Meßstoff klein sein, d.h. gute Wärmeleitfähigkeit
im Fühler wird vorausgesetzt. Wir rechnen deshalb im ganzen Fühler mit
einer konstanten, zeitabhängigen Temperatur $\theta(t)$. Die Wärmebilanz des
Fühlers - erstreckt über das ganze Volumen V des Fühlers und seiner
Oberfläche A für den instationären Fall - ist dann

$$c\rho V \, \frac{\partial \theta(t)}{\partial t} = -\alpha A \, (\theta(t) - \theta_u) \quad .$$

Die Randbedingung ist wieder durch die Meßstofftemperatur θ_u gegeben.
Zur Berechnung der Sprungantwort nehmen wir als Anfangsbedingung an,
daß zur Zeit t = 0 die Temperatur des Fühlers θ_o ist. Zur Lösung der
Differentialgleichung wird die Laplace-Transformation benutzt:

$$c\rho V \, (s \cdot \theta(s) - \theta_o) = -\alpha A \left(\theta(s) - \frac{\theta_u}{s} \right) \quad ,$$

$$\theta(s) = \frac{\theta_u + s\theta_o}{s \, (sT^+ + 1)} \quad , \qquad T^+ = \frac{c\rho V}{\alpha A} \quad . \tag{6.10}$$

Die Rücktransformation in den Zeitbereich ergibt

$$\theta(t) = (\theta_u - \theta_o)\ (1 - e^{-t/T^+}) + \theta_o\ . \qquad\qquad (6.11)$$

Die Zeitkonstante des Vorgangs T^+ ist das Verhältnis der Wärmekapazi-
tät $c \cdot \rho \cdot V$ des Fühlers zum gesamten Wärmeübergangskoeffizienten $\alpha \cdot A$.
Große Wärmekapazität und schlechter Wärmeübergang zum Meßstoff ergeben
große Zeitkonstanten.

Nach dem gleichen Verfahren läßt sich das Zeitverhalten von komplizier-
ten Anordnungen berechnen, wenn mehrere gut leitende Körper mit kleinem
Temperaturgradienten in Kontakt mit schlecht leitenden Körpern stehen.
Fühler z.B., die in einem Schutzrohr untergebracht sind, werden damit
durch eine Differentialgleichung zweiter Ordnung beschrieben.

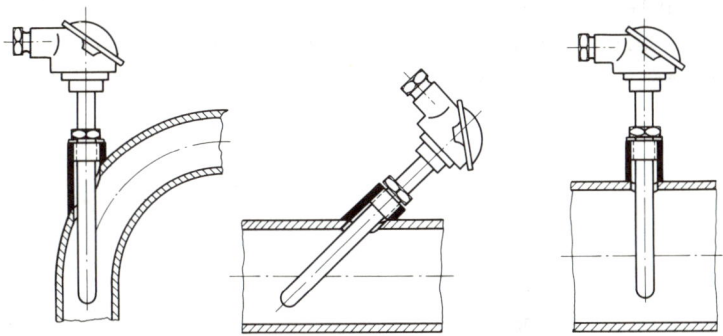

Bild 6.5. Einbaumaßnahmen für Berührungsthermometer in Rohr-
          leitungen

Die Erkenntnisse dieses Abschnittes spiegeln sich in den Regeln für
den praktischen Einbau von Berührungsthermometern wieder. Allgemein
ist dafür zu sorgen, daß der Wärmeübergang vom Meßstoff zum Fühler groß
ist und daß die Wärmeableitung im Fühler gering gehalten wird. Der
stationäre Meßfehler wird dadurch klein. Bei der Temperaturmessung in
Rohren muß insbesondere bei Gasen mit geringer Wärmeübergangszahl darauf
geachtet werden, daß der Fühler lang ist und genügend tief in den Meßstoff eintaucht. Geeignete Einbaumaßnahmen zeigt Bild 6.5. Bei Flüssigkeiten ist der Wärmestrom vom Meßstoff zum Fühler um Größenordnungen

höher und der stationäre Temperaturfehler klein. Der stationäre Temperaturfehler läßt sich nach Gl. (6.9) auch dadurch verringern, daß die
Meßkopftemperatur θ_o des Fühlers der Meßstofftemperatur θ_u angenähert
wird. Dazu kann z.B. der Kopf des Fühlers wärmeisoliert werden.

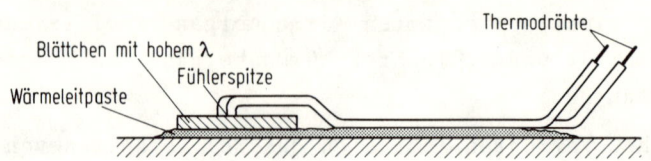

Bild 6.6. Messung der Oberflächentemperatur mit einem
          Thermoelement

Bei der Messung von Oberflächentemperaturen ist ebenfalls dafür zu sorgen, daß der Fühler wenig Wärme ableitet und daß der Kontakt zur Oberfläche gut ist. Die Anordnung zur Oberflächentemperaturmessung mit einem
Thermoelement zeigt Bild 6.6.

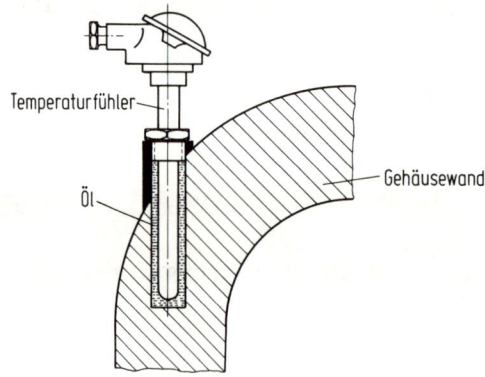

Bild 6.7. Einbau von Berührungsthermometern in festen Körpern

Die Wärmeableitung von der Fühlerspitze wird mit dünnen Thermoelementdräh
ten gering. Ebenfalls günstig ist es, die Thermoelementdrähte in der Nähe
der Spitze in gutem Wärmekontakt zur Oberfläche zu verlegen. Bei Temperaturmessungen in festen Körpern ist für genügend tiefe Einbringung des
Fühlers in den Körper selbst und für guten Wärmeübergang vom Körper zum
Fühler zu sorgen (Bild 6.7). Etwaige Zwischenräume zwischen Fühler und

Objekt können mit gut wärmeleitenden Substanzen, z.B. Öl oder Wärme-
leitpasten ausgefüllt werden.

Flinke Thermometer mit kleinem dynamischem Fehler haben einen hohen
Wärmeübergangskoeffizienten. Die Zeitkonstante in Gl. (6.10) ist dem
Quotienten aus Volumen und Oberfläche proportional. Mit kleineren
Abmessungen wird deshalb die Zeitkonstante linear kleiner. Die Wär-
meübergangszahl α, die u.a. von der Geometrie abhängig ist, nimmt
für kleinere Quotienten V/A zu und verstärkt diese Tendenz, Flinke
Temperaturfühler haben demnach kleine Abmessungen.

6.2.2 Kennwerte für das Zeitverhalten von Berührungsthermometern

Zur Kennzeichnung des Zeitverhaltens von Berührungsthermometern sind
nach DIN 16160 Kennwerte üblich, die durch Versuche ermittelt werden.
Mit diesen gemessenen Kennwerten wird das Zeitverhalten von Thermometern für die Praxis ausreichend beschrieben. Die Kennwerte werden aus
der Sprungantwort der Temperatur abgelesen. Eine sprungförmige Änderung der Meßstofftemperatur läßt sich bei Berührungsthermometern leicht
durch Eintauchen in einen Meßstoff anderer Temperatur erzeugen. Nach der
Rechnung im vorigen Abschnitt ändert sich die Temperatur eines Fühlers
annähernd nach einer Exponentialfunktion, Gl. (6.11). Ein solcher ex-
ponentieller Vorgang wird vollständig durch die Zeitkonstante T^+ beschrieben, die im linearen Maßstab durch die Subtangente der Sprungantwort im Punkt t = 0 gegeben ist. Sie ist gleich der Zeitspanne bis
63,2 % des stationären Temperaturunterschiedes angezeigt werden. Meist
ist die Sprungantwort eine erheblich kompliziertere Funktion. Zur Cha-
rakterisierung des zeitlichen Verhaltens reicht eine Zeitkonstante nicht
nicht aus. Es wird deshalb die Halbwertzeit $t_{0,5}$ und die 90%-Zeit
$t_{0,9}$ angegeben. Diese sind definiert als die Zeitspanne vom Eintritt
einer plötzlichen Temperaturänderung bis zur Anzeige von 50 % bzw. 90 %
dieser Änderung. Bei streng exponentiellem Verlauf ist $t_{0,5} = 0,69\ T^+$
und $t_{0,9} = 2,3\ T^+$, das Verhältnis $t_{0,9}/t_{0,5} = 3,32$.

Wird die Meßstofftemperatur sprungförmig von der Temperatur θ_1 auf die
Temperatur θ_2 gebracht und ist θ_t die Temperatur zur Zeit t, so wird als
Übertragungswert η und Übertragungsfehler f definiert

$$\eta = \frac{\theta_t - \theta_1}{\theta_2 - \theta_1}\ , \quad f = 1-\eta \quad = \frac{\theta_2 - \theta_t}{\theta_2 - \theta_1}\ . \tag{6.12}$$

DIN 16160 schlägt für die Aufzeichnung der Messungen folgendes vor:
als Abszisse wird die normierte Zeit $t/t_{0,5}$ aufgetragen, als Ordinate
der Logarithmus des Übertragungsfehlers f. Grundsätzlich sind drei Arten
von Kurven möglich (Bild 6.8).

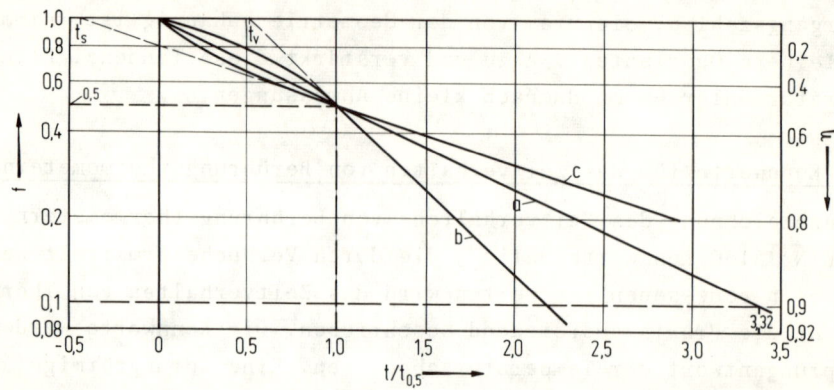

Bild 6.8. Übertragungswert η und Übertragungsfehler für verschiedene Fühler (logarithmisch)

a) Eine Gerade mit $t_{0,9}/t_{0,5} = 3,32$. Das ist die Exponentialfunktion, die
durch eine Zeitkonstante T^+ vollständig beschrieben ist.

b) Thermometer mit schlechter Wärmeleitung von der Fühleroberfläche zum
temperaturempfindlichen Teil des Fühlers haben eine Verzugszeit t_v.
Die Kurve des Übertragungsfehlers verläuft in dieser Darstellung für
Zeiten $t > t_{0,5}$ als Gerade. Das Steigungsmaß der Geraden $t_{0,9}/t_{0,5}$
ist $t_{0,9}/t_{0,5} < 3,32$. Verlängert man diese Gerade, erhält man als
Schnittpunkt mit der Abszisse die Verzugszeit t_v.

c) Thermometer mit einer schnellen Temperaturänderung zu Beginn der
Sprungantwort haben eine Voreilzeit t_s, die wieder im Schnittpunkt
der Tangente mit der Abszisse abgelesen werden kann. Das Steigungsmaß der Geraden für große Zeiten ist in dem Fall $t_{0,9}/t_{0,5} > 3,32$.
Bei solchen Fühlern sitzt der temperaturempfindliche Teil dicht an
der Oberfläche. Bis zum Erreichen der Endtemperatur muß jedoch dem
ganzen Fühler die der Wärmekapazität entsprechende Wärmemenge zuge-
führt werden.

Im gewohnten linearen Maßstab ergeben sich die Kurven gemäß Bild 6.9.
Bild 6.10 zeigt Fühler verschiedenen Aufbaus, die ein Zeitverhalten
nach a, b und c zeigen.

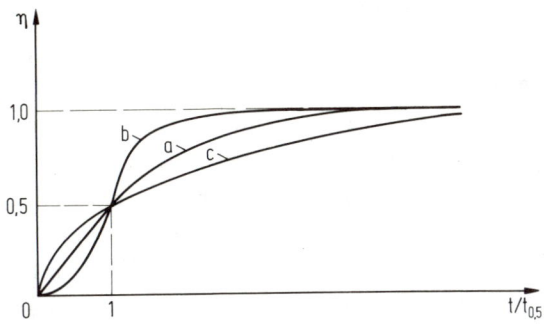

Bild 6.9. Übertragungswert η für verschiedene Fühler (linear)

Im Fall a bestehen im Fühler keine wesentlichen Temperaturunterschiede,
er nimmt entsprechend seiner Zeitkonstanten nach Gl. (6.11) die Meßstofftemperatur an.

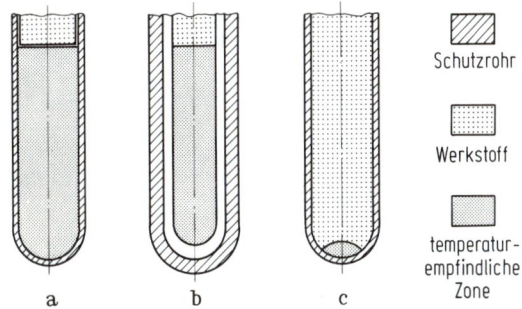

Bild 6.10. Temperaturfühler mit verschiedenem Aufbau und
           Zeitverhalten

Im Fall b nimmt zunächst das Schutzrohr mit seiner erheblichen Wärmekapazität die Meßstofftemperatur an und leitet dann den Wärmestrom
über die gut isolierende unvermeidliche Luftschicht zwischen Fühler und
Schutzrohr zum temperaturempfindlichen Teil des Fühlers.

Im Fall c ist der temperaturempfindliche Teil des Fühlers dicht an der
Oberfläche. Guter Wärmeübergang und kleine Wärmekapazität sorgen für
einen raschen Temperaturausgleich. Der stationäre Wert der Temperatur
wird allerdings erst dann erreicht, wenn der übrige Teil des Fühlers
die Meßstofftemperatur angenommen hat.

6.2.3 Temperaturfühler mit elektrischem Ausgangssignal

6.2.3.1 Physikalische Grundlagen

Berührungsthermometer mit elektrischem Ausgangssignal nutzen die physikalischen Effekte der Stromleitung in Festkörpern. Im Festkörper bilden die Atome eine geometrisch periodische Anordnung, ein Kristallgitter. Ein Teil der Elektronen des höchsten Energieniveaus läßt sich nicht mehr einem bestimmten Atom zuordnen; diese Elektronen bewegen sich fast frei im periodischen Potential der Atomrümpfe. Die Wirkung des periodischen Potentials läßt sich pauschal durch eine effektive Masse m_{eff} des Elektrons beschreiben, die sich von der tatsächlichen Masse unterscheidet. Störungen im periodischen Potential durch Fehler im Kristallgitter, eingelagerte Fremdatome oder durch thermischen ungeordneten Schwingungen der Atomrümpfe schränken die Bewegung der Elektronen ein. Die Wirkung dieser Schwingungen auf die Beweglichkeit der Elektronen wird durch die Wechselwirkung eines Phononen- oder Schallquantengases auf die Elektronen beschrieben. Die thermische Energie der Atomrümpfe im Gitter wird nach der Quantentheorie in Quanten vom Betrag $h\frac{\omega}{2\pi} = \hbar\omega$ ausgetauscht. Hierbei ist ω die Kreisfrequenz der mechanischen Schwingungen im Kristall, h ist die Plancksche Konstante. Die thermische Energie des Kristallgitters U wird damit

$$U = \sum_{\omega} n_{\omega}\hbar\omega \ .$$

Dabei ist n_{ω} die Anzahl der Phononen bei der Frequenz ω. Summiert wird über alle möglichen Schallfrequenzen im Kristall. Führt man eine mittlere Energie der Phononen $\overline{\hbar\omega}$ ein und berücksichtigt, daß die innere Energie des Kristalls bei genügend hohen Temperaturen $U = c_v T$ (c_v spezifische Wärmekapazität) ist, so gilt mit n_p als Gesamtzahl der Phononen

$$U = \sum n_{\omega}h\omega = n_p\overline{\hbar\omega} = c_v \cdot T \ .$$

Die Zahl der Wechselwirkungen oder anschaulich die Zahl der Stöße eines Elektrons mit den Phononen pro Zeiteinheit ist proportional der Anzahl der Phononen n_p. Die Relaxationszeit τ, d.h. die mittlere Zeit zwischen zwei Stößen, ist gleich dem Kehrwert der Anzahl der Stöße; es gilt mit den Proportionalitätskonstanten A_o, A und obiger Beziehung

$$\tau = \frac{A_o}{n_p} = \frac{A_o}{T} \; \frac{\overline{\hbar\omega}}{c_V} = \frac{A}{T}$$

Unter dem Einfluß einer äußeren Kraft $\vec{F}$ erhalten die Ladungsträger in der Zeit τ zwischen zwei Stößen zur thermischen Geschwindigkeit $\vec{v}$ eine zusätzliche Driftgeschwindigkeit $\vec{v}_D$. Nach dem Impulssatz gilt für die Impulsänderung eines Ladungsträgers während der Relaxationszeit τ

$$m_{eff}\,(\vec{v} + \vec{v}_D) - m_{eff}\vec{v} = m_{eff}\vec{v}_D = \vec{F}\tau \quad .$$

Rechnet man mit kleinen Kräften F und kurzen Relaxationszeiten τ, ist im Mittel der Geschwindigkeitszuwachs $\vec{v}_D$ nach einer Wechselwirkung mit einem Phonon vollständig abgebaut. Die Geschwindigkeit $\vec{v}$ nach einem Stoß ist wieder eine ungeordnete thermische Geschwindigkeit. Insbesondere ist der Mittelwert $\overline{\vec{v}}$ gleich Null, da bei der thermischen Geschwindigkeitsverteilung keine Richtung bevorzugt ist. Der Ladungsträgerstrom bei einer Ladungsträgerdichte n durch die Einheitsfläche ist damit $n\vec{v}_D$

Liegt ein elektrisches Feld E im Festkörper, ist die Kraft $\vec{F} = e\vec{E}$. Die elektrische Stromdichte $\vec{i}$ wird dann

$$\vec{i} = en\vec{v}_D = \vec{E}\,\frac{ne^2\tau}{m_{eff}} = \vec{E}\cdot\sigma \quad . \qquad (6.13)$$

Bei den Widerstandsthermometern wird die Temperaturabhängigkeit der Leitfähigkeit σ bzw. des spezifischen Widerstandes ρ zur Temperaturmessung benutzt.

Bei Metallen ist die Ladungsträgerdichte n unabhängig von der Temperatur und gleich der Elektronendichte im Leitungsband; es gilt mit Gl. (6.13)

$$\rho = \frac{m_{eff}}{n \cdot e^2 \cdot \tau} = \frac{m_{eff}}{n \cdot e^2 \cdot A} \cdot T \; . \qquad\qquad (6.14)$$

Reine Metalle, z.B. Platin, zeigen diese Temperaturabhängigkeit des Widerstandes.

Bei Halbleitern nimmt die Anzahl der Ladungsträger n mit wachsender Temperatur exponentiell zu.

$$n = N_o \cdot e^{-\frac{\Delta E}{2kT}} \qquad (\Delta E \text{ Bandabstand, } k \text{ Bolzmann-Konstante}).$$

Der Effekt überwiegt bei weitem den Einfluß der Temperatur auf die Relaxationszeit. Für den spezifischen Widerstand gilt

$$\rho = \frac{m_{eff}}{n \cdot e^2 \cdot \tau} = \rho_o \cdot e^{\frac{\Delta E}{2kT}} \; . \qquad\qquad (6.15)$$

Der Widerstand fällt rasch mit wachsender Temperatur. Diese einfachen Beziehungen beschreiben die Vorgänge in Widerstandsthermometern ausreichend.

Für eine andere Art von Thermometern, die Thermoelemente, muß der Ladungstransport in Leitern in Anwesenheit eines Temperaturgradienten betrachtet werden.

Der Gesamtstrom setzt sich jetzt zusammen aus einem Teil, der vom elektrischen Feld E abhängt, und einem Teil, der durch die jetzt ortsabhängige mittlere thermische Geschwindigkeit $\overline{v(x)}$ und die ortsabhängige Ladungsträgerdichte n(x) bedingt ist.

Der Temperaturgradient liege in x-Richtung (Bild 6.11). Die Ladungsträger, die mit ihrer thermischen Geschwindigkeit die Einheitsfläche bei x passieren, hatten ihre letzte Wechselwirkung mit den Phononen an der Stelle $x - \Delta x$ bzw. $x + \Delta x$. Ihre Dichte und mittlere Geschwindigkeit entspricht der an der Stelle $x - \Delta x$ bzw. $x + \Delta x$. Betrachtet man die Ladungsträger mit der Geschwindigkeitskomponenten v_x in x-Richtung, so wird $\Delta x = \tau v_x$. Ist dn die Dichte der Ladungsträger im Intervall $\left[v_x, v_x + dv_x \right]$, dann wird der Teilchenstrom durch die Einheitsfläche

$$\frac{1}{2}v_x dn(x-\Delta x) \quad - \frac{1}{2}v_x dn(x+\Delta x) \quad = -v_x d\left(\frac{\partial n}{\partial x}\right)\Delta x = -v_x^2\tau d\left(\frac{\partial n}{\partial x}\right).$$

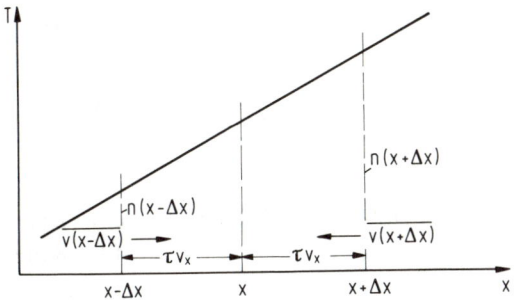

Bild 6.11. Zum Ladungstransport im Temperaturgradientenfeld

Der Faktor $\frac{1}{2}$ rührt daher, daß sich im Mittel die eine Hälfte der Teilchen mit der Geschwindigkeit v_x in positiver, die andere in negativer Richtung bewegt. Wird über alle Geschwindigkeiten v_x gemittelt, wird der Teilchenstrom

$$-\int v_x^2\tau d\left(\frac{\partial n}{\partial x}\right) \quad = -\tau \frac{\partial}{\partial x}\int v_x^2 dn = -\tau\frac{\partial}{\partial x}\left(\overline{v_x^2}\cdot n\right) \quad .$$

Dabei ist die Relaxationszeit τ als unabhängig von v_x angenommen. Der Zusammenhang zwischen dem Quadrat der Geschwindigkeit v^2 und v_x^2, v_y^2,v_z^2 ist $v^2 = v_x^2 + v_y^2 + v_z^2$, eine Beziehung, die auch für die gemittelten Werte $\overline{v_i^2}$ gilt. Mit der Annahme $\overline{v_x^2} = \overline{v_y^2} = \overline{v_z^2}$ wird $\overline{v_x^2} = \overline{v^2}/3$ und der Teilchenstrom gleich

$$-\frac{2\tau}{3m_{eff}} \cdot \frac{\partial E_{kin}\cdot n}{\partial x} \quad .$$

E_{kin} ist die mittlere kinetische Energie eines Teilchens. Mit Gl. (6.13) erhält man für den elektrischen Strom

$$i = E \frac{e^2 n\tau}{m_{eff}} - \frac{2}{3}\frac{en\tau}{m_{eff}}\left(\frac{\partial E_{kin}}{\partial x} + E_{kin}\cdot\frac{1}{n}\frac{\partial n}{\partial x}\right) \quad . \tag{6.16}$$

Zu dem durch das Feld E erzeugten Strom kommt noch ein Diffusionsstrom, der von der Änderung der mittleren kinetischen Teilchenenergie und der Teilchendichte mit dem Ort abhängig ist. Ist der Temperaturgradient die Ursache für diese Abhängigkeit, so wird $\frac{\partial}{\partial x}$ durch $\frac{\partial}{\partial T} \cdot \frac{\partial T}{\partial x}$ ersetzt:

$$i = E \frac{e^2 n\tau}{m_{eff}} - \frac{2}{3} \frac{en\tau}{m_{eff}} \left(\frac{\partial E_{kin}}{\partial T} + E_{kin} \cdot \frac{1}{n} \frac{\partial n}{\partial T} \right) \frac{\partial T}{\partial x} \ . \qquad (6.17)$$

Ein im Temperaturfeld befindlicher Leiter ohne Stromzuführung hat im stationären Fall den Strom i = 0. Nach (6.17) baut sich im Leiter ein elektrisches Feld E_{th} auf:

$$E_{th} = \frac{2}{3} \frac{1}{e} \left(\frac{\partial E_{kin}}{\partial T} + E_{kin} \frac{1}{n} \frac{\partial n}{\partial T} \right) \frac{\partial T}{\partial x} \ . \qquad (6.18)$$

Die Entstehung der Spannung E_{th} wird in Bild 6.12 veranschaulicht.

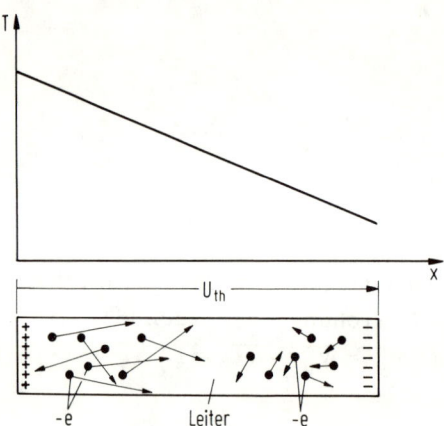

Bild 6.12. Entstehung der Thermokraft in einem Leiter

Bei höherer Temperatur sei die mittlere thermische Geschwindigkeit v der Elektronen größer. Aufgrund der verschiedenen Geschwindigkeiten fließen zunächst mehr Elektronen von links nach rechts als umgekehrt. Der Rand der linken Seite verarmt, der Rand der rechten Seite hat einen Elektronenüberschuß. Es baut sich das Feld E_{th} auf, das letztlich diesen Ausgleichsstrom auf Null bringt.

In der Technik wird die thermoelektrische Feldstärke ausgedrückt als

$$E_{th} = K \ \text{grad} \ T = K \ \text{grad} \ \theta \ . \qquad (6.19)$$

Die Materialkonstante K wird nach dem Namen des Entdeckers des Effektes Seebeck-Koeffizient genannt.

Bei Metallen ist die Anzahl der Leitungselektronen unabhängig von der Temperatur: $\frac{\partial n}{\partial T} = 0$. Die kinetische Energie der Elektronen im Leitungsband ist nur sehr wenig temperaturabhängig. Bild 6.13 zeigt die Zustandsdichte im Leitungsband und die besetzten Zustände in Abhängigkeit von der kinetischen Energie E.

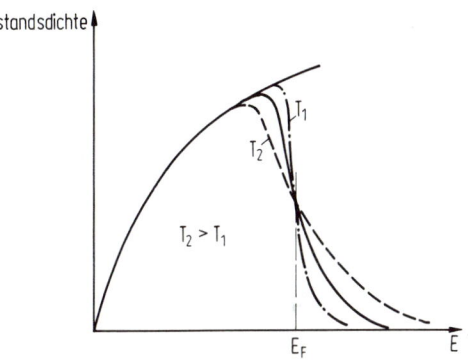

Bild 6.13. Zustandsdichte und besetzte Zustände im Leitungsband von Metallen

Bei Änderung der Temperatur ändert sich die Verteilung nur geringfügig an der Fermigrenze; die mittlere kinetische Energie ändert sich kaum. Der Seebeck-Koeffizient ist deshalb bei Metallen sehr klein, er reicht von einigen μV/K bis zu wenigen 10μV/K. Bei Halbleitern ist der Effekt erheblich größer. Im Fall eines Donatorstörstellenhalbleiters mit der Störstellendichte n_D gilt z.B. für die Elektronendichte im Leitungsband bei einer Elektronenkonzentration $n \ll n_D$

$$n = n_D^{1/2}\, AT^{3/2} \cdot e^{-\frac{\Delta E}{2kT}} = N \cdot e^{-\frac{\Delta E}{2kT}} \quad .$$

Dabei ist ΔE der Abstand Donatorniveau zur unteren Grenze des Leitungsbandes. Der Verlauf der Elektronendichte in Abhängigkeit der Temperatur wird hinreichend genau durch den letzten Ausdruck der Gleichung wiedergegeben. Dabei ist das Produkt $n_D^{1/2} \cdot AT^{3/2}$ zu einer Konstanten N zusammengefaßt. Der Seebeck-Koeffizient wird, wenn entsprechend der kinetischen Gastheorie $E_{kin} = \frac{3}{2}kT$ gesetzt wird,

$$K = \frac{1}{e}\left\{ k + kT\left(\frac{3}{4}\frac{1}{T} + \frac{\Delta E}{2kT^2}\right) \right\} = \frac{k}{e}\left(\frac{7}{4} + \ln\frac{N}{n}\right) \quad . \qquad (6.20)$$

Der Wert von k/e beträgt etwa 80 µV/K. Große Seebeck-Koeffizienten
können mit wachsendem ln(N/n) gewonnen werden. Mit steigendem ln(N/n)
nimmt allerdings die Leitfähigkeit stark ab. Weiter machen die mechanischen Eigenschaften von Halbleitern, die durchweg schwer zu bearbei-
ten und kaum zu verformen sind, in der Anwendung große Schwierigkeiten.
Halbleiterthermoelemente haben in der Prozeßmeßtechnik noch keine große
Bedeutung.

6.2.3.2 Widerstandsthermometer

Im Widerstandsthermometer wird der mit der Temperatur veränderliche
elektrische Widerstand als Meßeffekt benutzt. Ist der Zusammenhang
zwischen Temperatur und Widerstand bekannt, kann die Temperaturmessung
auf eine Widerstandsmessung zurückgeführt werden. Für metallische Widerstandsthermometer haben sich als Werkstoffe Platin und Nickel bewährt.
In der Technik erfolgt die Beschreibung der Beziehung zwischen Temperatur und Widerstand durch die empirische Beziehung

$$R_\theta = R_o \left\{ 1 + A(\theta - \theta_o) + B(\theta - \theta_o)^2 \right\} \ . \qquad (6.21)$$

Dabei ist R_θ der Widerstand bei der Temperatur θ, R_o der Widerstand bei
der Temperatur θ_o. A und B sind Materialkonstanten. Für kleine Bereiche
oder weniger hohe Ansprüche an die Meßgenauigkeit kann eine lineare
Beziehung benutzt werden:

$$R_\theta = R_o \left\{ 1 + \gamma(\theta - \theta_o) \right\} \qquad \text{mit } \gamma = \frac{1}{R_o} \frac{\partial R(\theta_o)}{\partial \theta} \ .$$

Dabei ist γ der Temperaturkoeffizient des Widerstandes. Der Widerstandskoeffizient γ ist für Platin und Nickel bei 0 °C

$$\gamma_{Pt} = 3,85 \cdot 10^{-3} K^{-1}, \ \gamma_{Ni} = 6,17 \cdot 10^{-3} \ K^{-1} \ .$$

Der Widerstandskoeffizient von Platin entspricht etwa dem Wert
$\gamma = 1/T_o = 1/273 \ K^{-1}$, der für Metalle im Abschnitt 6.2.3.1 durch eine
grobe Abschätzung gewonnen wurde.

Aufbau und Abmessungen von Widerstandsthermometern sind genormt, DIN
16160 schreibt für 0 °C einen Widerstand $R_o = 100 \ \Omega$ vor. Als Wicklungs-
träger werden Hartpapier, Hartgewebe, Preßstoff oder Glimmer verwendet.
In der Prozeßmeßtechnik werden Platinwiderstandsthermometer mit Quarz-

glas und Hartglas bis 550 °C eingesetzt. Aufbau und Abmessungen zeigt
Bild 6.14a. Bei hohen Ansprüchen an die Meßgenauigkeit werden Metallwiderstandsthermometer verwendet. Metallwiderstandsthermometer werden
mit geringen Toleranzen geliefert. Der Fehler liegt bei 300 K etwa bei
0,3 K, bei 800 K sieht die Norm eine Abweichung von maximal 2,5 K vor.

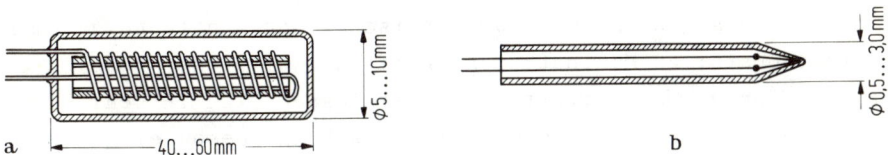

Bild 6.14a. Aufbau eines Metallwiderstandsthermometers in Hart-
            glasausführung
      b. Halbleiterwiderstandsthermometer in Glaskapillare

Der Temperaturgang des Widerstandes von Halbleiterthermometern ist durch
die Zahl der Ladungsträger bestimmt (s. Abschnitt 6.2.3.1). Für solche
Thermometer werden Eigen- und Störstellenhalbleiter benutzt.

In der Technik wird die Temperaturabhängigkeit des Widerstandes von
Halbleiterthermometern so beschrieben:

$$R_T = R_o \cdot e^{B\left(\frac{1}{T} - \frac{1}{T_o}\right)} \quad . \tag{6.22}$$

Dabei ist T die absolute Temperatur des Thermometers, R_T der zugehörige
Widerstand. R_o ist der Widerstand bei einer absoluten Bezugstemperatur
T_o, die meist im Meßbereich des Thermometers gewählt wird. Der Temperaturkoeffizient γ ist im Gegensatz zu Metallen negativ:

$$\gamma = \frac{1}{R_o} \frac{\partial R(T_o)}{\partial T} = - \frac{B}{T_o^2} \tag{6.23}$$

Praktische Werte des Temperaturkoeffizienten liegen im Bereich von
$-3 \cdot 10^{-2}$ bis $-6 \cdot 10^{-2}$ K^{-1}. Der Temperaturkoeffizient ist etwa um den Faktor 10 größer als bei Widerstandsthermometern.

Der große Meßeffekt bei Halbleiterwiderstandsthermometern erscheint
für die Meßtechnik zunächst sehr verlockend. Im allgemeinen wird eine
lineare Temperaturanzeige gewünscht. Bei Halbleiterthermometern sind
wegen der großen Temperaturabhängigkeit des Temperaturkoeffizienten
Linearisierungsschaltungen erforderlich. Während bei Metallthermometern
für 0 °C Normwiderstände von 100 Ohm vorgeschrieben sind, fallen Halbleiterthermometer mit relativ großen Fertigungstoleranzen an. Deshalb
sind besondere Abgleich- und Korrekturschaltungen notwendig, um Halbleiterthermometer an Meßinstrumenten mit einheitlichem Bereich ein-
setzen zu können. Halbleiterthermometer lassen sich in sehr kleinen
Abmessungen herstellen (Bild 6.14b). Sind keine besonderen Schutzmaßnahmen wegen des Meßstoffes erforderlich, sind mit Halbleiterthermometern
sehr schnelle Messungen möglich.

Eine Widerstandsmessung läßt sich nicht stromlos durchführen. Durch die
Stromwärme erwärmt sich das Thermometer, ein Meßfehler ist die Folge.
Bei üblicher Ausführung - Fühlerdurchmesser etwa 10 mm - ergeben sich
Abweichungen von der Meßstofftemperatur nach Bild 6.15.

Die entstehende Wärme wird im wesentlichen an den Meßstoff abgegeben.
Es gilt $I^2 \cdot R = \alpha \cdot A \, (\theta - \theta_u)$. Der Erwärmungsfehler $(\theta - \theta_u)$ ist vom Strom
I, von der Wärmeübergangszahl α und der Fläche A abhängig.

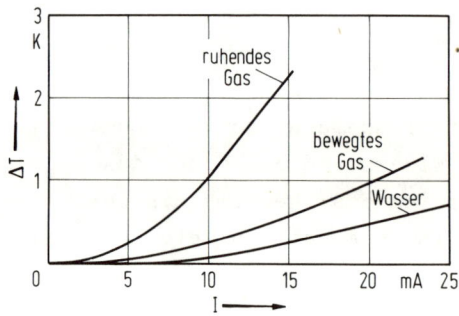

Bild 6.15. Eigenerwärmungsfehler bei Widerstandsthermometern

Zum Schutz gegen mechanische Beanspruchungen und chemische Einflüsse
werden Widerstandsthermometer in Schutzarmaturen eingebaut. Die Ausführung dieser Armaturen ist je nach dem Verwendungszweck sehr verschieden. Soll die Temperatur von Gasen und Flüssigkeiten in Rohrlei-

tungen oder Behältern, die unter Druck stehen, gemessen werden, sind
druckfeste Armaturen erforderlich. Dazu wird in die Rohrleitung oder
in das Gefäß ein Schutzrohr eingeschraubt oder eingeschweißt, der Meßeinsatz selbst in das Schutzrohr eingeschraubt. Näheres ist aus Bild
6.16 zu ersehen.

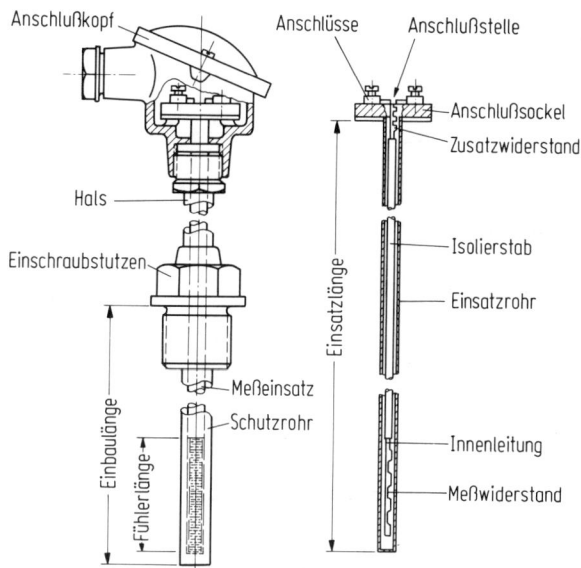

Bild 6.16. Einbauarmaturen für Widerstandsthermometer

Zur Messung des Thermometerwiderstandes ist grundsätzlich jedes Wider-
standsmeßverfahren geeignet. Wird lediglich eine Anzeige gewünscht, ist
die Messung mit einem Kreuzspulinstrument üblich. Bei höheren Ansprüchen
wird das Widerstandsthermometer in eine Wheatstonesche Brücke mit den
festen Widerständen R_2, R_3 und R_4 geschaltet. Der Anschlag des Instru-
ments in der Diagonale zeigt die Temperatur an   (Bild 6.17a).

In den Anlagen der Verfahrensindustrie ist oft das Widerstandsthermometer von der Widerstandsmeßeinrichtung einige hundert Meter weit entfernt. Der Zuleitungswiderstand R_L und die Veränderungen des Zuleitungs-
widerstandes mit der Umgebungstemperatur gehen bei der üblichen Brückenschaltung voll in die Meßgenauigkeit ein. Diesen Fehler vermeidet die
Dreileiterschaltung (Bild 6.17b). Im abgeglichenen Zustand gilt die Beziehung

$$\frac{R_3}{R_4} = \frac{R_T + R_L}{R_2 + R_L} \quad .$$

Wählt man das Widerstandsverhältnis $R_3/R_4 = 1$ und gleicht die Brücke

am Widerstand R_2 ab, ist im abgeglichenen Zustand unabhängig vom Zuleitungswiderstand immer $R_T = R_2$. Die Stellung des Widerstandes R_2
kann in Temperatureinheiten geeicht werden.

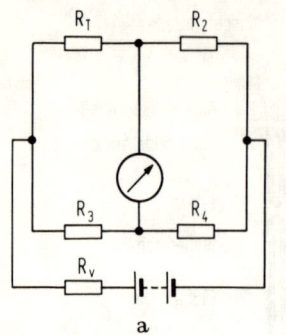 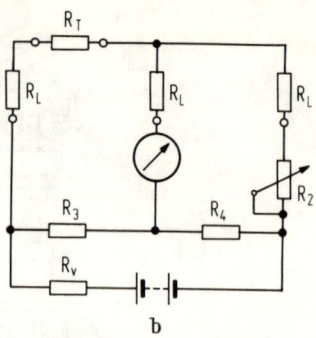

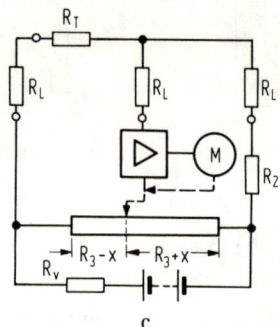

Bild 6.17. Signalverarbeitung von Widerstandsthermometern

      a) Widerstandsthermometer in Wheatstonesche-Brücke
      b) Dreileiterschaltung eines Widerstandsthermometers
      c) Widerstandsthermometer mit Dreileiterschaltung in
         selbstabgleichender Brücke

Der Nachteil der Schaltung liegt darin, daß für den Brückenabgleich
zum Widerstand R_2 der Übergangswiderstand des Schleifers zählt. Dieser Übergangswiderstand kann sich je nach Betriebsbedingung unkontrol-
liert ändern. Deshalb wird in selbstabgleichenden Brücken die Schaltung
nach Bild 6.17c verwendet. Der Widerstand des Thermometers sei gegeben

durch $\boxed{R_T = R_o\ (1 + \gamma \cdot \Delta\theta)}$. Die Brückenwiderstände sind so gewählt, daß $R_2 = R_3 = R_4 = R_o$ ist. Die Brücke ist abgeglichen für

$$\frac{R_T + R_L}{R_o + R_L} = \frac{R_o + x}{R_o - x} \ .$$

Als Beziehung zwischen Temperatur $\Delta\theta$ und der Potentiometerstellung x erhalten wir

$$\Delta\theta = \frac{2\left(1 + \dfrac{R_L}{R_o}\right)}{\gamma R_o} \cdot x\left(1 + \frac{x}{R_o}\right) \ . \tag{6.24}$$

Der Meßanfang, $\Delta\theta = 0$, ist unabhängig vom Zuleitungswiderstand R_L. Die Beziehung zwischen $\Delta\theta$ und dem Ausschlag x ist für größere Temperaturbereiche nichtlinear.

6.2.3.3 Thermoelemente

Thermoelemente nutzen den Seebeck-Effekt. Nach den Ausführungen im Abschnitt 6.2.3.1 ist die Thermospannung über ein Leiterstück der Länge L in einem Temperaturfeld gegeben durch

$$\boxed{U_{th} = \int_0^L K\ \mathrm{grad}\theta \cdot \vec{dl} = K\left\{\theta(L) - \theta(0)\right\}} \ . \tag{6.25}$$

K ist der Seebeck-Koeffizient. Im allgemeinen ist K selbst eine Funktion der Temperatur. Der rechte Ausdruck von Gl.(6.25) gilt deshalb nicht streng, ist aber in der Praxis für kleine Temperaturdifferenzen genügend genau.

Die Thermospannung U_{th} ist nicht direkt meßbar, da zur Spannungsmessung elektrische Leitungen zu den Enden des betrachten Leiters geführt werden müssen, die selbst wieder in einem Temperaturfeld liegen. Es ist nur möglich, die Differenz der Spannungen längs des betrachteten Leiters A und der Zuleitung B zu messen,(Bild 6.18).

$$U_{AB} = (K_A - K_B)\ (\theta_1 - \theta_2) \ .$$

Der Aberglaube, die Thermospannung hinge in irgendeiner Weise von der
Art des Kontaktes zwischen den Materialien A und B ab, ist weit verbreitet. Die Verbindung von A und B muß lediglich elektrisch leitend
sein. Die Verbindung kann durch Verdrillen der Drahtenden, Löten,
Schweißen und dgl. beliebig hergestellt werden.

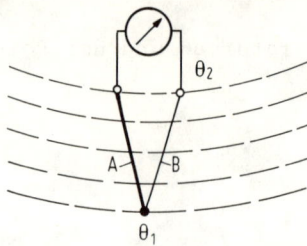

Bild 6.18. Leiter im Temperaturfeld

In der "Thermoelektrischen Spannungsreihe" ist die Thermospannung eines
bestimmten Leiters A bei 100 K Temperaturdifferenz zu Platin angegeben:

$$\left(\frac{U_{th}}{mV}\right) = \left(\frac{K_A - K_{Pt}}{\frac{mV}{K}}\right) \cdot 100 \; .$$

Eine Auswahl der Thermoelektrischen Spannungsreihe gibt Tabelle 6.2.

Tabelle 6.2 Thermoelektrische Spannungsreihe der Metalle

Metall	U_{th} mV	Metall	U_{th} mV
Konstantan	-3,47 bis 3,40	Gold	0,56 bis 0,80
Nickel	-1,94 bis 1,20	Eisen	1,87 bis 1,89
Quecksilber	-0,07 bis +0,04	Chromnickel	2,20
Rhodium	0,65	Antimon	4,70 bis 4,86
Silber	0,67 bis 0,79	Silicium	44,8
Kupfer	0,72 bis 0,77		

Die Berechnung von Thermospannungen in Leiterkreisen erfolgt wie üblich
nach der Kirchhoffschen Maschenregel.

Am Beispiel einer verwickelteren Anordnung soll dies verdeutlicht
werden (Bild 6.19). Für die Thermospannung U_{th} erhalten wir

$$U_{th} = K_C(\theta_{V_1} - \theta_2) + K_A(\theta - \theta_{V_1}) + K_B(\theta_{V_2} - \theta) + K_D(\theta_2 - \theta_{V_2}) \ .$$

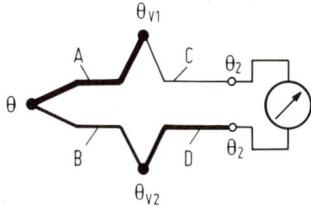

Bild 6.19. Leiterkeis mit verschiedenen Materialien im
          Temperaturfeld

Für die Seebeck-Koeffizienten K_i können dabei die der Thermoelektrischen Spannungsreihe eingesetzt werden. Der Beitrag von K_{Pt} wird in
einem geschlossenen Kreis zu Null. Die Anordnung gibt die gebräuchli-
che Schaltung eines Thermoelements wieder. Dabei ist θ die Temperatur
des Meßstoffes. Man sorgt dafür, daß $\theta_{V_1} = \theta_{V_2} = \theta_V$ ist. θ_V ist die
Temperatur der sogenannten Vergleichsstelle. Weiter werden die Zu-
leitungen zum Spannungsmesser aus gleichem Material, C = D, gewählt.

$$U_{th} = (K_A - K_B) \cdot (\theta - \theta_V) \ . \tag{6.26}$$

Die Beziehung macht deutlich, daß die Temperaturmessung mit Hilfe von
Thermoelementen stets eine Temperaturdifferenzmessung ist. Die Temperaturdifferenz $\theta - \theta_V$ wird in eine Thermospannung umgesetzt. Die Thermoelektrischen Eigenschaften der Zuleitung C gehen in die Beziehung nicht
ein. In der Prozeßmeßtechnik ist die in Bild 6.20 dargestellte Anordnung
üblich.

Das Thermoelement endet im Anschlußkopf. Vom Anschlußkopf zur Vergleichsstelle führt die Ausgleichsleitung, die aus den gleichen Materialien
wie das Thermoelement besteht. Von der Vergleichsstelle zum Anzeige-
instrument werden die üblichen Kupferleitungen verwendet.

Am weitesten verbreitet in der Prozeßmeßtechnik sind Eisen-Konstantan-
Thermoelemente für Temperaturen bis 700 ^{o}C, Ni-CrNi-Thermoelemente

für Temperaturen bis 1000 $^{\circ}$C und Pt-PtRh-Thermoelemente für Temperaturen bis 1300 $^{\circ}$C.

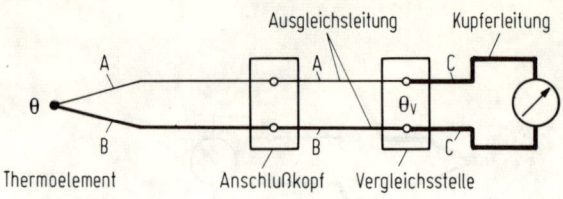

Bild 6.20. Schaltung eines Thermoelements

Einen Auszug aus DIN 43710 gibt Tabelle 6.3, wo auch die erreichbaren Meßunsicherheiten angegeben sind.

Für sehr genaue Messungen können Thermopaare mit eingeengten Toleranzen hergestellt oder justiert werden. Fehler entstehen durch Alterung und mechanische Belastung sowie durch Überschreiten der zulässigen Höchsttemperatur. All diese Vorgänge können das Kristallgefüge der Thermodrähte und damit den Seebeck-Koeffizienten ändern.

Tabelle 6.3 Spannungen der gebräuchlichen Thermopaare für eine Bezugstemperatur von 0 $^{\circ}$C (nach DIN 43710)

Thermopaar	Cu-Konst		Fe-Konst		NiCr-Ni		PtRh-Pt	
+ Schenkel	Kupfer		Eisen		Nickelchrom		Platinrhodium	
− Schenkel		Konstantan			Nickel		Platin	
Meß-temperatur $^{\circ}$C	Thermospannung in mV und zulässige Abweichung in $^{\circ}$C bzw. %							
	Grund-wert	zul. Abw.	Grund-wert	zul. Abw.	Grund-wert	zul. Abw.	Grund-wert	zul. Abw.
0	0	−	0	−	0	−	0	−
100	4,25	3	5,37	3	4,10	3	0,643	3
400	21,00	$^{\circ}$C	22,16	$^{\circ}$C	16,40	$^{\circ}$C	3,251	$^{\circ}$C
600	34,31	0,75%						
700			39,72	0,75%	29,14	0,75%	6,260	0,75%
800			46,22					
900			53,14	0,75%				
1000					41,31		9,570	
1300					52,46	0,75%	13,138	0,5%

Durch die Messung der Thermospannung soll die Meßstofftemperatur θ erfaßt werden. Es ist deshalb notwendig, daß die Vergleichsstellentemperatur $θ_V$ konstant gehalten wird oder daß eine wechselnde Vergleichsstellentemperatur bei der Messung berücksichtigt wird. Darauf gründen sich
die beiden gängigen Verfahren der Temperaturmessung mit Thermoelementen.

Sehr gebräuchlich ist es, die Temperaturvergleichsstelle in einen Thermostaten zu legen, der die Vergleichsstellentemperatur selbsttätig gegenüber allen Umwelteinflüssen konstant hält (Bild 6.21a). Eine andere
Möglichkeit ist die Kompensationsdose, die in Abhängigkeit der Vergleichsstellentemperatur mit Hilfe eines temperaturempfindlichen Widerstandes
und einer Spannungsquelle eine Korrekturspannung zur Thermospannung
gibt (Bild 6.21b).

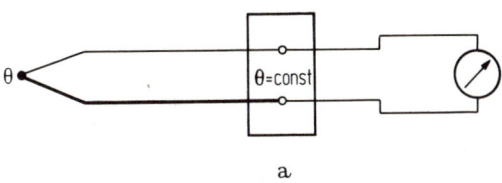

a

a) Thermoelement mit Vergleichstellenthermostat

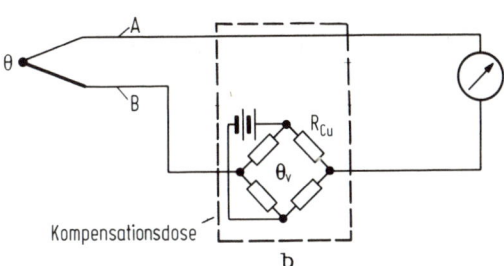

b

b) Thermostat mit Kompensationsdose

Bild 6.21. Signalverarbeitung von Thermoelementen

Die Weiterverarbeitung der Signale von Thermoelementen, die für die
üblichen Temperaturbereiche im mV-Bereich liegen, erfolgt entweder mit
selbst abgleichenden Kompensatoren (Bild 6.22a) oder mit Meßverstär-
kern, die einen hohen Eingangswiderstand haben (Bild 6.22b).

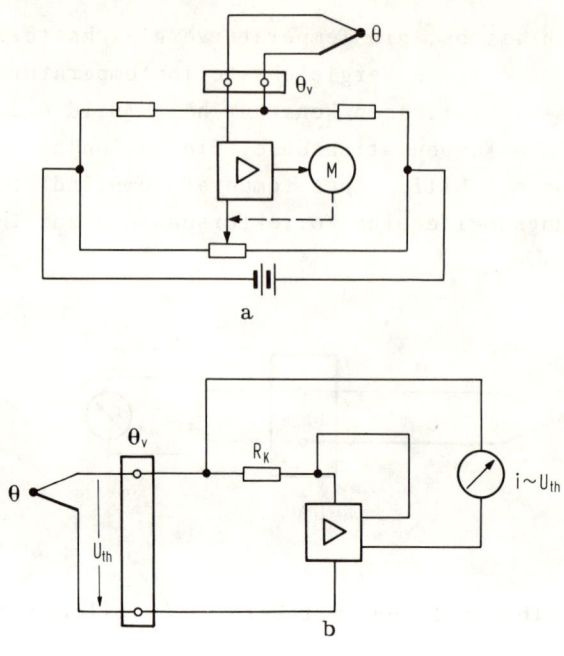

Bild 6.22a. Thermoelement in der Diagonale einer selbstab-
            gleichenden Brücke

      b. Thermoelement an spannungsgegengekoppeltem
         Gleichspannungsverstärker

Allgemein sorgt man dafür, daß die Thermospannung, die oben als Leerlaufspannung berechnet wurde, hochohmig gemessen wird, um von Widerstandsänderungen der Leitung infolge Temperaturänderungen, Abbrand und
Korrosion frei zu sein. Beide Methoden berücksichtigen diese Überlegung.

Bei der Verarbeitung des Gleichspannungssignals von wenigen mV entstehen zusätzliche Fehler. An den Meßverstärker werden heute noch
schwer zu erfüllende Forderungen im Hinblick auf kleine Nullpunktdrift
gestellt. Soll durch die Verstärkung die Meßunsicherheit um nicht mehr
als 1 $^{\circ}$C vergrößert werden, muß der Meßverstärker bei Verwendung eines

Kupfer-Konstantan-Thermoelementes eine Nullpunktdrift von weniger als
30 µV aufweisen.

Der Einbau von Thermoelementen geschieht auf ähnliche Art wie bei
Widerstandsthermometern. Soll die Temperatur von gasförmigen oder
flüssigen Meßstoffen erfaßt werden, werden meistens feste Schutzrohre
in die Gefäße oder Rohrleitungen eingebaut. In das Schutzrohr wird
wieder der Meßeinsatz eingeführt. Im Meßeinsatz sind die beiden schenkel
des Thermoelements oft mit keramischen Isolierröhrchen voneinander isoliert (Bild 6.23).

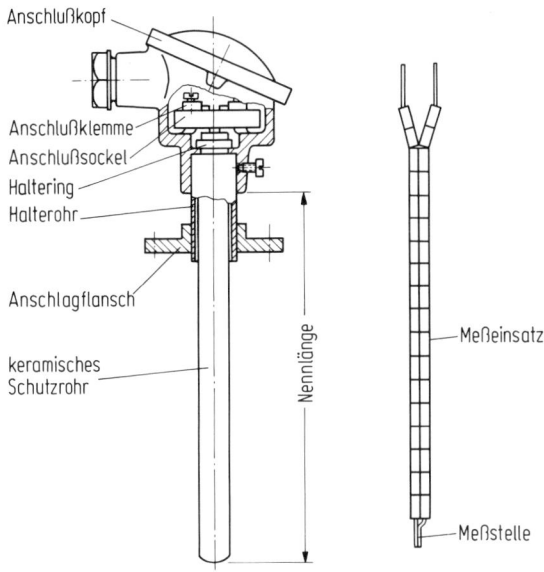

Bild 6.23. Einbauarmaturen für Thermoelement

Eine besonders vorteilhafte Form von Thermoelementen ist das sogenannte
Mantelthermoelement. Beim Mantelthermoelement liegen die beiden Thermodrähte in einem dünnen rostfreien Stahlrohr. Die Thermodrähte sind
vom Metallmantel und gegenseitig durch pulverförmiges, keramisches
Isoliermaterial elektrisch isoliert. Solche Mantelthermoelemente haben
kleine Durchmesser von 0,5 bis etwa 3 mm. Die Wärmeableitung ist klein.
Damit werden Fühler mit extrem kleinen Abmessungen, kleinen stationären Meßfehlern und einer kurzen Anzeigeverzögerung möglich. Sie werden in fast beliebigen Längen geliefert und können vom Anwender in

die gewünschte Länge geschnitten und an der Meßstelle verschweißt werden (Bild 6.24).

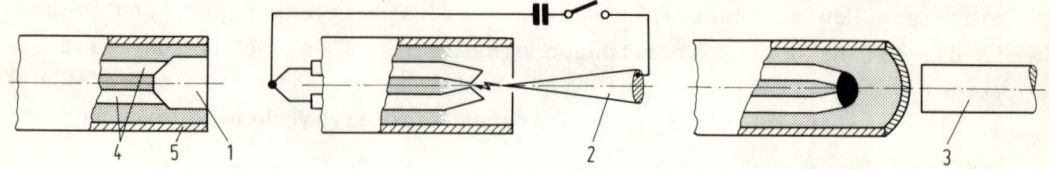

Bild 6.24. Herstellung der Meßstelle eines Mantel-Thermoelements
         1 = Bohrung, 2 = Elektrode zum Verschweißen der
         Thermodrähte, 3 = Elektrode zum Schweißen des Bodens,
         4 = Thermodrähte, 5 = Mantel

6.3 Temperaturmessung mit Strahlungsthermometern (Pyrometern)

Temperaturstrahlungsthermometer oder kürzer Pyrometer empfangen einen Teil der von einem Körper emittierten Wärmestrahlung und schließen daraus auf seine Temperatur. Die Messung erfolgt berührungslos. Die Grundlagen für die Funktionsweise der Pyrometer liefern die physikalischen Gesetze, die die Wärmeübertragung durch Strahlung beschreiben.

6.3.1 Physikalische Grundlagen und Begriffe der Wärmestrahlung

Jeder "heiße" Körper leuchtet. Er emittiert Energie in Form von Elektromagnetischen Wellen. Diese Wärmestrahlung läßt sich auch im nichtsichtbaren Wellenlängenbereich nachweisen. Der Wärmefluß ist bei der Strahlung allein von der Beschaffenheit der Oberfläche und der Temperatur des Strahlers abhängig. Zum Wärmetransport durch Leitung besteht ein fundamentaler Unterschied: bei der Leitung ist der Wärmefluß von der Umgebung abhängig. Im Fourierschen Gesetz z.B. kommt dies im Gradienten der Temperatur zum Ausdruck. Die Rechnung des Wärmeflusses erfordert die Lösung einer partiellen Differentialgleichung. Bei der Wärmestrahlung sind weniger Parameter zu berücksichtigen. Zur Berechnung des Wärmeflusses reichen hier einige einfache geometrische Beziehungen.

DIN 5496 beschreibt die Grundbegriffe der Wärmestrahlung.

Wir betrachten ein Flächenelement dÃ auf der Oberfläche eines strah-
lenden Körpers (Bild 6.25). Die Temperatur und die Beschaffenheit der
Oberfläche auf diesem Flächenelement sollen konstant sein. Es interessiert der vom Element in eine bestimmte Richtung des Raumes abgestrahlte
Strahlungsfluß $d\Phi$. Unter dem Strahlungsfluß Φ versteht man den Quotienten aus der durch die Strahlung übertragenen Energie dW und der Zeit
dt, $\Phi = \dfrac{dW}{dt}$. Die Richtung sei etwa durch den Winkel θ zwischen der Flächennormalen des Elementes und der betrachteten Richtung und ein Azimut
ϕ gegeben. Von der gegebenen Richtung aus erscheint dA in der Größe
dA cos θ. Der Strahlungsfluß wird deshalb proportional dieser Größe sein.
Der in eine Richtung abgestrahlte Strahlungsfluß $d\Phi$ ist unmeßbar klein.
Gemessen werden kann nur der Strahlungsfluß, der in einem Raumwinkelelement $d\Omega$ um die vorgegebene Richtung anfällt. Der durch $d\Omega$ hindurch-
tretende Strahlungsfluß $d\Phi$ ist auch proportional $d\Omega$. Zur Beschreibung
der vom Flächenelement emittierten Strahlung wird deshalb die Strahldichte L = L(θ,ϕ) eingeführt. Es gilt

$$d\Phi = L(\theta,\phi) \; dA \cdot \cos\theta \cdot d\Omega \;.$$
                                                                        (6.27)

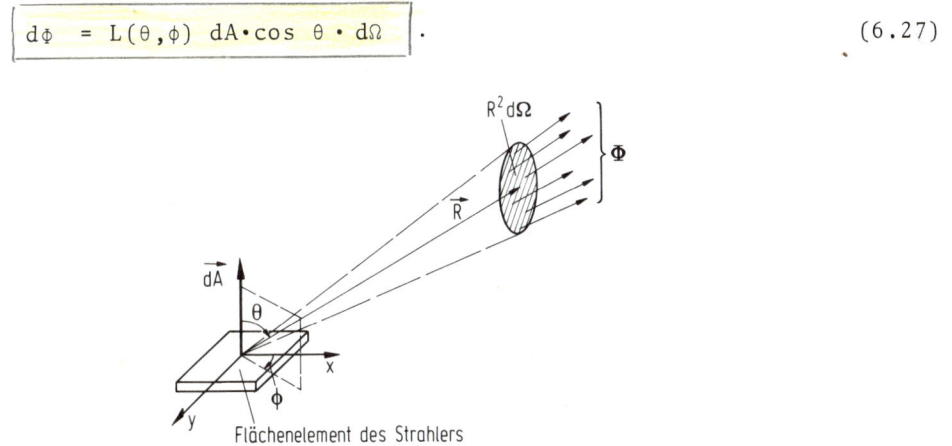

Bild 6.25. Geometrische Beziehungen bei Strahlung

Für eine Reihe von Strahlern ist L(θ,ϕ) = L unabhängig von der Beob-
achtungsrichtung. Ein Beispiel dafür ist die Sonne, die unabhängig von
θ im Zentrum und am Rand gleich hell erscheint. Das gleiche wird auch
an glühenden Rohren beobachtet, die über die ganze, dem Beobachter zu-
gewandte Fläche gleichmäßig hell erscheinen. Solche Strahler heißen
Lambert-Strahler.

Die Strahlstärke I gibt den vom ganzen Strahler in die betrachtete

Richtung und durch ein Raumwinkelelement $d\Omega$ emittierten Strahlungsfluß $d\Phi$. Es gilt

$$I \ d\Omega = d\Phi = d\Omega \int_{A_1} L(\theta,\phi) \ \cos\theta \ dA \ . \tag{6.28}$$

A_1 ist dabei der Teil der Strahleroberfläche, der in die Beobachtungs-
richtung strahlen kann ($\theta \leq \frac{\pi}{2}$).

Für den gesamten Strahlungsfluß ϕ des Strahlers gilt mit den beiden
letzten Beziehungen

$$\Phi = \int_0^{4\pi} I \ d\Omega = \int_0^{4\pi} \left[\int_{A_1} L(\theta,\phi) \ \cos\theta \ dA \right] d\Omega \ . \tag{6.29}$$

im gesamten Raum

Strahlungsfluß ϕ, Strahlstärke I und Strahldichte L werden oft in differentieller Form zueinander in Beziehung gesetzt. Mit dW als der in
der Zeit dt übertragenen Energie gilt

$$\phi = \frac{dW}{dt} \ , \quad I = \frac{d\phi}{d\Omega} \ , \quad L = \frac{dI}{\cos\theta \cdot dA_1} \ . \tag{6.30}$$

ϕ , I und L sind im allgemeinen Fall wellenlängenabhängig, sie besitzen ei
spektrale Verteilung. Mit Rücksicht darauf wird in einem differentiel-
len Wellenlängen- oder Frequenzbereich geschrieben

$$\frac{d\phi}{d\lambda} = \phi_\lambda \quad \text{und} \quad \frac{d\phi}{d\nu} = \phi_\nu \ . \tag{6.31}$$

Für den Zusammenhang der beiden spektralen Größen erhalten wir aus der
Beziehung für die Lichtgeschwindigkeit $c = \lambda \cdot \nu$

$$0 = \nu \ d\lambda + \lambda \ d\nu \ .$$

Daraus folgt die Umrechnung

$$\phi_\lambda \ d\lambda = \phi_\nu \cdot d\nu \quad \text{und} \quad \phi_\lambda \cdot \lambda = -\phi_\nu \cdot \nu \ . \tag{6.32}$$

Die auf einen Körper auffallende Strahlung kann absorbiert werden, sie
kann durch den Körper hindurchdringen und sie kann reflektiert werden.

Mit Φ als dem einfallenden Strahlungsfluß, Φ_α als dem absorbierten, Φ_r als dem reflektierten und Φ_τ als dem durch den Körper hindurchgehenden Teil des einfallenden Flußes Φ ist

$$\alpha = \frac{\Phi_\alpha}{\Phi} \qquad \text{als Absorptionsgrad,}$$

$$\rho = \frac{\Phi_r}{\Phi} \qquad \text{als Reflexionsgrad und}$$

$$\tau = \frac{\Phi_\tau}{\Phi} \qquad \text{als Transmissionsgrad definiert.}$$

Damit ist
$$\alpha + \rho + \tau = 1.$$

Für die Wärmeübertragung durch Strahlung sind das Kirchhoffsche Gesetz, das Plancksche Gesetz und die daraus abgeleiteten Gesetze, das Stefan-Boltzmannsche Gesetz und das Wiensche Gesetz von Bedeutung.

6.3.1.1 Das Kirchhoffsche Gesetz

Das Kirchhoffsche Gesetz gibt den Zusammenhang zwischen Emissions- und Absorptionsgrad eines Körpers an. Zur Herleitung nehmen wir einen Hohlraum an, dessen Wände überall die gleiche Temperatur haben. In den Wänden und im ganzen Hohlraum soll thermisches Gleichgewicht vorliegen, d.h. es findet keinerlei Wärmetransport durch Leitung oder Strahlung statt. Die Hohlraumwände sollen so dick sein, daß die Strahlung die Wände nicht durchdringt (Transmissionsgrad τ = 0). Der Hohlraum ist mit Strahlung erfüllt. Wir beschreiben den Zustand durch die Strahldichte $L(\theta,\phi) = L_H(\lambda)$, die wegen des angenommenen Gleichgewichtes in allen Richtungen gleich und im ganzen Hohlraum in gleicher Größe existiert. Die Strahlungsbilanz an der Hohlraumwand (Bild 6.26) wird aufgestellt.

Der vom Flächenelement dA in den Raumwinkel $d\Omega$ austretende Strahlungsfluß ist

$$d\Phi = L_H(\lambda) \cos \theta \, dA \cdot d\Omega.$$

Dieser Fluß setzt sich zusammen aus dem reflektierten Teil des symmetrischen Bündels $\rho L_H(\lambda) \cos \theta \cdot dA \cdot d\Omega$ und dem von der Wand emittierten Teil $E(\lambda,\theta,\phi) \cos \theta \cdot dA \, d\Omega$ mit $E(\lambda,\theta,\phi)$ als Emissionsstrahldichte.

Nach Voraussetzung ist der Transmissionsgrad $\tau = 0$. Damit gilt $\rho = 1-\alpha$.
Im allgemeinen ist der Absorptionsgrad α eine Funktion der Wellenlänge
und der Einfallsrichtung $\alpha = \alpha(\lambda,\theta,\phi)$.

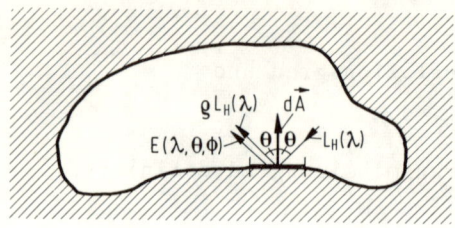

Bild 6.26. Zum Kirchhoffschen Gesetz

Die Strahlungsbilanz an der Hohlraumwand ergibt

$$L_H(\lambda)\cos\theta\, dA\, d\Omega = L_H(\lambda)(1-\alpha)\cos\theta\, dA\, d\Omega + E(\lambda,\theta,\phi)\cos\theta\, dA\, d\Omega$$

$$\alpha(\lambda,\theta,\phi)\, L_H(\lambda) = E(\lambda,\theta,\phi). \tag{6.33}$$

Diese Beziehung gilt für jedes Flächenelement, jeden Winkel und jede
Art von Oberfläche an der Hohlraumwand. Die Emissionsstrahldichte wird
gleich der Strahldichte der Hohlraumstrahlung, wenn $\alpha = 1$ ist. Dabei
hat $E(\lambda,\theta,\phi) = L_H(\lambda)$ den größtmöglichen Wert. Die Hohlraumstrahlung
$L_H(\lambda)$ wird auch als Strahlung eines "schwarzen Körpers" $L_s(\lambda)$ bezeichnet. Ein schwarzer Körper absorbiert demnach alle auffallende Strahlung und emittiert eine Strahlung, die der Hohlraumstrahlung entspricht.
Ein schwarzer Strahler wird durch ein allseitig geschlossenes Rohr realisiert, dessen Wände auf gleicher Temperatur gehalten werden. An einer
Stelle hat das Rohr eine kleine Öffnung, die aus dem Hohlraum austretende Hohlraumstrahlung wird als schwarze Strahlung angenommen.

Wir führen für nicht-schwarze Körper den gerichteten spektralen Emissionsgrad $\varepsilon(\lambda,\theta,\phi)$ ein und schreiben

$$\varepsilon(\lambda,\theta,\phi)\, L_H(\lambda) = E(\lambda,\theta,\phi).$$

Der Vergleich mit Gl. (6.33) ergibt

$$\alpha(\lambda,\theta,\phi) = \varepsilon(\lambda,\theta,\phi) \quad . \tag{6.34}$$

Diese Beziehung zwischen Emissions- und Absorptionsgrad bezeichnet man als Kirchhoffsches Gesetz. Beim schwarzen Körper ist $\alpha = \varepsilon = 1$, unabhängig von der Wellenlänge und der Einfallsrichtung.

Bei vielen technischen Aufgaben bewährt sich der Begriff grauer Strahler. Darunter versteht man einen Temperaturstrahler, dessen halbräumlicher spektraler Emissionsgrad innerhalb des betreffenden Spektralbereiches wie beim schwarzen Strahler unabhängig von der Wellenlänge, aber kleiner als eins ist.

6.3.1.2 Das Plancksche Strahlungsgesetz

Um vom empfangenen Strahlungsfluß auf die Temperatur des Strahlers schließen zu können, fehlt noch der Zusammenhang zwischen der Strahldichte und der Temperatur. Diesen Zusammenhang gibt das Plancksche Strahlungsgesetz.

Planck ging von der revolutionären Vorstellung aus, daß Strahlung der Frequenz ν Energie nicht etwa in beliebigen Beträgen, sondern nur in ganzzahligen Vielfachen der Energie $h\nu$ aufnehmen oder abgeben kann. h ist dabei eine Naturkonstante, das Plancksche Wirkungsquantum ($h = 6{,}6256 \cdot 10^{-34} J \cdot s$).

Die vielfältigen Wirkungen einer elektromagnetischen Strahlung der Frequenz ν, wie sie etwa in der Wärmestrahlung auftritt, können einmal aus den Welleneigenschaften der Strahlung, zum andern durch die Wirkung von Teilchen, den Photonen, beschrieben werden. Die Photonen bewegen sich mit Lichtgeschwindigkeit, ihre Energie ist ein ganzzahliges Vielfaches von $h\nu$. Bei der Wechselwirkung mit Materie entstehen oder verschwinden Photonen entsprechend der Planckschen Vorstellung.

Sind im betrachteten Raum N Photonen vorhanden, sollen N_i Photonen die Energie $ih\nu$ aufweisen. Die Anzahl der Möglichkeiten, N Teilchen verschieden anzuordnen, gibt die Kombinatorik mit N! an. Sind in jedem Energieniveau $ih\nu$ N_i Photonen enthalten, wird die Anzahl der Möglichkeiten, N Photonen auf den verschiedenen Niveaus mit der Verteilung N_i anzuordnen

$$W_{th} = \frac{N!}{\prod_i N_i!} \quad .$$

Dieser Ausdruck wird als thermodynamische Wahrscheinlichkeit W_{th} bezeichnet. Die übliche statistische Wahrscheinlichkeit ist gegeben durch
die thermodynamische Wahrscheinlichkeit, dividiert durch die Anzahl der
überhaupt möglichen Fälle.

Nicht jede Verteilung N_i ist gleich wahrscheinlich. Es wird sich die
Verteilung N_i einstellen, die die größte Wahrscheinlichkeit hat, oder
für die W_{th} am größten ist. Die Verteilung mit der größten Wahrscheinlichkeit unter Berücksichtigung folgender Nebenbedingungen - die Gesamtzahl der Photonen ist $N = \sum_i N_i$, die Gesamtenergie ist $U = \sum_i N_i\, u_i$ mit
$u_i = i \cdot h \cdot \nu$ - läßt sich mit Hilfe der Lagrangeschen Multiplikatormethode
berechnen. Um die Rechnung einfach zu gestalten, wird nicht mit W_{th},
sondern mit $\ln W_{th}$, einer monotonen Funktion, gerechnet. Außerdem machen
wir von der für große N gültigen Stirlingschen Näherung $N! = (N/e)^N$
Gebrauch. Es gilt

$$\ln W_{th} = N \ln N - \sum_i N_i \ln N_i$$

und mit den Multiplikatoren λ_1 und λ_2

$$L = \ln W_{th} + \lambda_1 \sum_i N_i + \lambda_2 \sum_i N_i\, u_i \, .$$

Als Bedingung für das Maximum erhält man

$$\delta L = \sum_i \left\{ -\ln N_i - 1 + \lambda_1 + \lambda_2\, u_i \right\} \delta N_i = 0 \, .$$

Diese Bedingung muß für beliebige δN_i erfüllt sein, die Klammer ist
deshalb für alle i identisch Null. Daraus folgt

$$N_i = e^{1-\lambda_1} \cdot e^{-\lambda_2\, u_i} \, . \tag{6.35}$$

Die Multiplikatoren λ_1 und λ_2 bestimmen sich einfach aus den Nebenbedingungen, wenn man sich an die Summenformel der geometrischen Reihe

$$\sum_{\nu=0}^{\infty} q^\nu = \frac{1}{1-q} \, , \qquad |q| < 1 \quad \text{erinnert.}$$

Aus

$$N = \sum N_i = e^{1-\lambda_1} \cdot \sum_i e^{-i\lambda_2\, h\nu}$$

folgt für $\lambda_2 > 0$

$$N = e^{1-\lambda_1} \left\{ 1 - e^{-\lambda_2 h\nu} \right\}^{-1} \quad ,$$

$$N_i = N \left\{ 1 - e^{-\lambda_2 h\nu} \right\} e^{-i\lambda_2 h\nu} \quad ,$$

und damit

$$U = \sum_i N_i \, ih\nu = N \left\{ 1 - e^{-\lambda_2 h\nu} \right\} \sum_i ih\nu \cdot e^{-i\lambda_2 h\nu}$$

$$= -N \left\{ 1 - e^{-\lambda_2 h\nu} \right\} \frac{\partial}{\partial \lambda_2} \sum_i e^{-i\lambda_2 h\nu} = N \frac{h\nu}{e^{\lambda_2 h\nu} - 1} \quad . \qquad (6.36)$$

Die Temperaturabhängigkeit von U bzw. λ_2 muß aus thermodynamischen Beziehungen gewonnen werden. λ_2 ergibt sich zu $\lambda_2 = \frac{1}{kT}$ (k Boltzmann-Konstante), wie im folgenden (nur für den daran interessierten Leser) gezeigt wird.

Der Zusammenhang zwischen der Entropie S und der thermodynamischen Wahrscheinlichkeit W_{th} ist durch die Boltzmannsche Gleichung $S = k \ln W_{th}$ gegeben. $\ln W_{th}$ wurde oben schon gebildet, mit der wahrscheinlichsten Verteilung wird die Entropie

$$S = k \ln W_{th} = k \left\{ N \ln N - \sum_i N_i \ln N_i \right\}$$

$$= k \left\{ N \ln N - \sum_i N_i \left[\ln N + \ln (1 - e^{-\lambda_2 h\nu}) - \lambda_2 i h\nu \right] \right\}$$

mit $\sum_i N_i = N$ und $U = \sum_i i h \nu N_i$ wird

$$S = k \left\{ \lambda_2 U - N \ln (1 - e^{-\lambda_2 h\nu}) \right\} \quad . \qquad (6.37)$$

Nach einer bekannten Beziehung der Thermodynamik ist für konstantes Volumen $\left(\frac{\partial S}{\partial U} \right)_V = \frac{1}{T}$.

Man könnte nun in Gl. (6.37) λ_2 durch U aus Gl. (6.36) ausdrücken und dann die Funktion $\left(\frac{\partial S}{\partial U} \right)$ bilden. Der einfacheren Rechnung wegen wird hier jedoch

$$\left(\frac{\partial S}{\partial U} \right)_V = \left(\frac{\partial S}{\partial \lambda_2} \right) \left(\frac{\partial \lambda_2}{\partial U} \right) = k \left\{ U + \lambda_2 \frac{\partial U}{\partial \lambda_2} - \frac{N h \nu}{e^{\lambda_2 h\nu} - 1} \right\} \frac{\partial \lambda_2}{\partial U}$$

gebildet.

Mit Gl. (6.36), einer Gleichung für U, wird

$$\left(\frac{\partial S}{\partial U}\right)_V = k\,\lambda_2 = \frac{1}{T}\,.$$

Offen ist jetzt noch die Gesamtzahl N der Photonen. Zur Bestimmung von N wird eine Hohlraumstrahlung in einem Volumen V betrachtet. Das Volumen soll ein Quader mit den Kantenlängen l_x, l_y und l_z sein, der von elektromagnetischen Wellen der Frequenz ν durchzogen wird.

Eine ebene Welle wird durch den Wellenvektor $\vec{k}$ beschrieben

$$e^{-i\vec{k}\cdot\vec{s}} \qquad \text{mit} \quad |\vec{k}| = k = \frac{2\pi}{\lambda} = \frac{2\pi\nu}{c}\,,$$

der Wellenlänge λ, Frequenz ν und Lichtgeschwindigkeit c.

Die Richtung des Wellenvektors $\vec{k}$ bestimmt die Richtung der ebenen Welle. Im Temperaturgleichgewicht findet keine Energieströmung statt; im betrachteten Volumen können nur stehende Wellen existieren. Für die Komponenten k_x, k_y und k_z muß wegen der Periodizität mit ganzzahligen n_i gelten

$$l_x k_x = 2\pi n_x\,, \quad l_y k_y = 2\pi n_y \quad \text{und} \quad l_z k_z = 2\pi n_z\,.$$

Im Schnitt liegt ein Tripel n_x, n_y, n_z und damit eine Welle mit dem Vektor $\vec{k}$ im Einheitsvolumen des n-Raumes. Im Bereich k_i bis $k_i + dk_i$ des Wellenvektors sind damit

$$dZ = dn_x\,dn_y\,dn_z = l_x\,l_y\,l_z\,dk_x\,dk_y\,dk_z \cdot \frac{1}{(2\pi)^3}$$

$$= \frac{V}{(2\pi)^3}dk_x\,dk_y\,dk_z$$

Wellen möglich.

Die Hohlraumstrahlung ist in jeder Richtung gleich. Es interessiert die Anzahl der Wellenvektoren im Intervall $|\vec{k}|$ bis $|\vec{k}| + |d\vec{k}|$. Führt man statt k_x, k_y, k_z Kugelkoordinaten $|\vec{k}| = k$, θ und ϕ ein und integriert über θ und ϕ, so wird

$$dZ = \frac{4\pi}{(2\pi)^3}V\,k^2\,dk\,.$$

Elektromagnetische Wellen sind Transversalwellen, sie können in zwei senkrecht zueinander stehende Wellen polarisiert sein. Die Anzahl dZ der möglichen Wellen im Intervall ist deshalb doppelt so groß. Mit $k = \frac{2\pi\nu}{c}$ wird die Photonendichte $\frac{dZ}{V}$ im Frequenzintervall $\nu, \nu + d\nu$

$$\frac{dZ}{V} = 8\pi \frac{\nu^2 \, d\nu}{c^3} \; . \tag{6.38}$$

Die Energiedichte der Hohlraumstrahlung erhält man mit Gl. (6.36) und Gl. (6.38) als

$$\rho = \frac{U}{V} = \frac{8\pi}{c^3} \frac{h\nu^3}{e^{h\nu/kT} - 1} \; . \tag{6.39}$$

Der Strahlungsfluß $d\Phi$ durch ein Flächenelement $d\vec{A}$ in einen Raumwinkel $d\Omega$ in einer Richtung mit dem Winkel θ zur Flächenelementnormalen ist bei der Energiedichte ρ und der Lichtgeschwindigkeit c

$$d\Phi = dA \cos\theta \cdot \rho \cdot c \cdot d\Omega \; .$$

Der Vergleich mit Gl. (6.27) ergibt die Strahldichte der Hohlraumstrahlung

$$L_S(\nu) = 8\pi \frac{h\nu^3}{e^{h\nu/kT} - 1} \; . \tag{6.40}$$

Diese Beziehung wird als Plancksches Strahlungsgesetz bezeichnet.

In der Technik wird folgende Schreibweise des Planckschen Strahlungsgesetzes benutzt

$$L_S(\lambda) = \frac{C_1 \, \lambda^{-5}}{\pi\Omega_0} \left(e^{\frac{C_2}{\lambda T}} - 1 \right)^{-1} \; . \tag{6.41}$$

Dabei ist Ω_0 der Raumwinkel des Hablraumes geteilt durch 2π, d.h. $\Omega_0 = 1\,sr$, C_1 und C_2 sind die Strahlungskonstanten mit dem Wert

$$C_1 = 3{,}74 \cdot 10^{-16} \; Wm^2 \, ,$$

$$C_2 = 1{,}44 \cdot 10^{-2} \; Km \; .$$

Für Temperaturen bis etwa 3000 K gilt die Näherung $\lambda T < 0{,}1 \, C_2$. Damit erhält man aus Gl. (6.41)

$$L_s(\lambda) = \frac{C_1}{\Omega_o \pi} \lambda^{-5} \cdot e^{-\frac{C_2}{\lambda T}} \cdot \qquad (6.42)$$

Diese Beziehung bezeichnet man als Wiensches Gesetz. Bild 6.27 zeigt den Verlauf der Strahldichte in Abhängigkeit von der Temperatur und Wellenlänge.

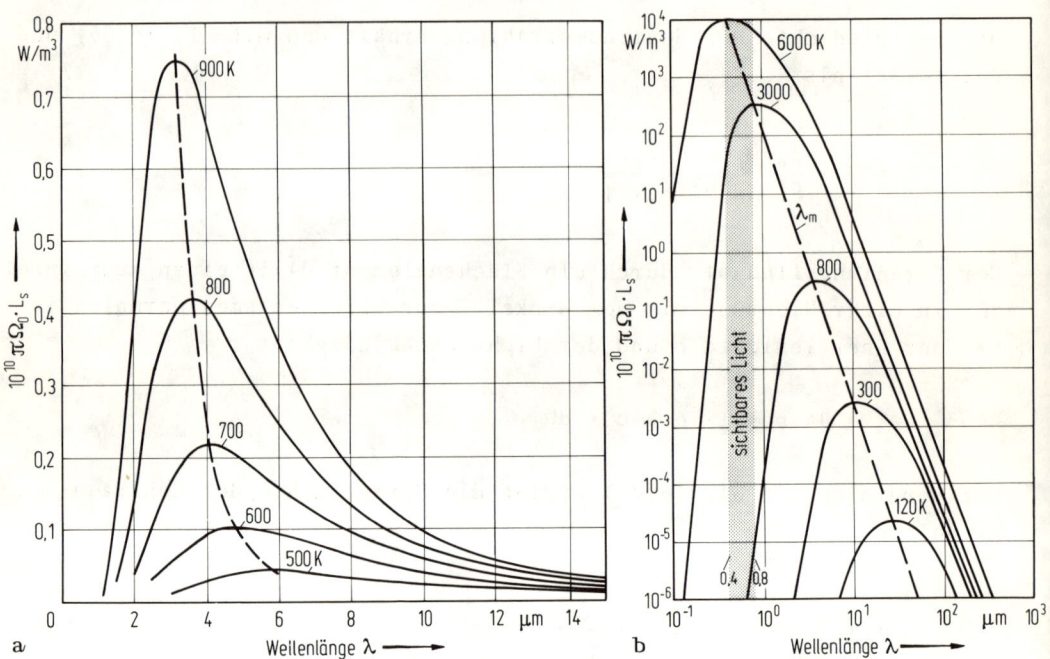

Bild 6.27. Strahldichte in Abhängigkeit von der Temperatur und der Wellenlänge

6.3.1.3 Das Wiensche Verschiebungsgesetz und das Stefan-Boltzmannsche Gesetz

Die Strahldichte hat ein Maximum bei einer bestimmten Wellenlänge λ_m. Das Maximum verschiebt sich mit abnehmender Temperatur zu längeren Wellenlängen hin. Aus $\frac{\partial L_s(\lambda)}{\partial \lambda} = 0$ ergibt sich das Wiensche Verschiebungsgesetz

$$\left(\frac{\lambda_m}{\mu m}\right) = \frac{2900}{\left(\frac{T}{K}\right)} \cdot \qquad (6.43)$$

Integriert man in Gl. (6.41) die Strahldichte über alle Wellenlängen, so erhält man das Stefan-Boltzmannsche Gesetz. Die Strahldichte über den ganzen Spektralbereich ist proportional der 4. Potenz der absoluten Temperatur T

$$L_s = \frac{\sigma}{\pi \Omega_0} T^4 = \frac{C_s}{\pi \Omega_0} \left(\frac{T}{100}\right)^4 \tag{6.44}$$

mit den Konstanten $\sigma = 5{,}67 \cdot 10^{-8}$ Wm^{-2} K^{-4} und $C_s = 5{,}67$ Wm^{-2}K^{-4} .

6.3.2 Strahlungspyrometer

Den Grundaufbau eines Strahlungspyrometers zeigt Bild 6.28. Ein Teil des vom Objekts ausgehenden Strahlungsflusses wird vom Objektiv des Pyrometers aufgefangen und über eine Optik zum Detektor geleitet. Der Detektor setzt die empfangene Leistung in ein elektrisches Signal um. Damit von dem empfangenen Teil des Strahlungsflusses auf die Strahldichte des Objektes geschlossen werden kann, muß der Zusammenhang zwischen beiden Größen genau bekannt sein. Insbesondere muß das Meßobjekt genügend groß sein, damit der Detektor von den vom Objekt kommenden Strahlen voll ausgeleuchtet wird.

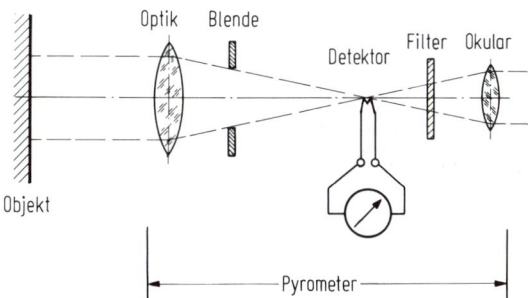

Bild 6.28. Aufbau eines Pyrometers
a = Optik, b = Blende, c = Detektor,
d = Filter, e = Okular

Die bekannten Grundzüge der optischen Abbildung zeigt das Bild 6.29.

Wir erhalten zwischen Bild y' und Gegenstand y mit den Bezeichnungen aus Bild 6.29

$$\frac{y}{y'} = \frac{x-f}{f} = \frac{f}{x'-f} \quad .$$

Die Gleichung ergibt die bekannte Abbildungsformel

$$(x'-f) \cdot (x-f) = f^2$$

$$xx' + f^2 - x'f - fx = f^2 \tag{6.45}$$

$$\frac{1}{f} = \frac{1}{x} + \frac{1}{x'} \quad \text{und} \quad x' = \frac{f \cdot x}{x-f} \ .$$

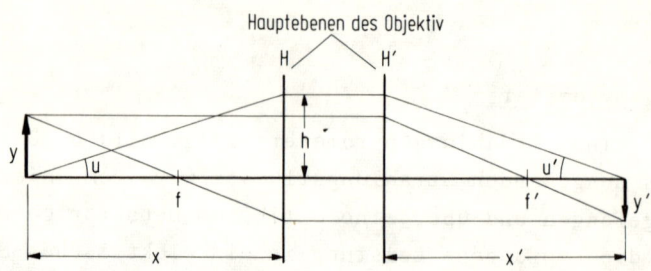

Bild 6.29. Optische Abbildung

Für einen Strahl, der von der Achse des Systems ausgeht, gilt

$$h = x \cdot \tan u = x' \cdot \tan u' \quad .$$

Mit Gl. (6.45) für x' und für kleine Winkel u (tan u ≈ u) ergibt sich die Helmholtz-Lagrangesche Beziehung

$$yu = y'u' \ . \tag{6.46}$$

In Bild 6.30 ist in den Hauptebenen der Optik eine endliche Blendenöffnung der Fläche A_3 angenommen. A_1 ist die Teilfläche des Objekts, die auf die Detektorfläche A_2 abgebildet wird. Mit der vorstehenden Beziehung gilt

$$A_1 \frac{A_3}{x^2} = A_2 \frac{A_3}{x'^2} \ ,$$

$$\frac{A_1}{x^2} = \frac{A_2}{x'^2} \ .$$

Die Empfängerfläche A_2 und der Abstand zur Hauptebene x' wird durch die Konstruktion festgelegt. Der Wert $D = \sqrt{\dfrac{A_1}{x^2}} = \sqrt{\dfrac{A_2}{x'^2}}$ wird als Distanzverhältnis bezeichnet und bestimmt bei gegebenem Abstand x die Mindestgröße des Objekts A_1.

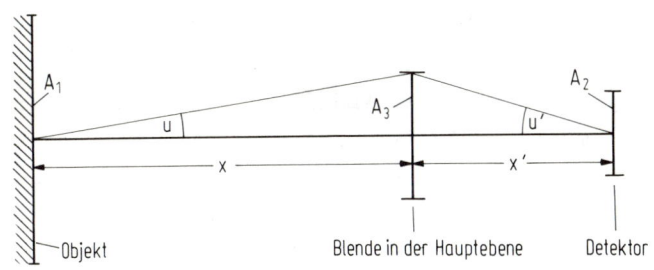

Bild 6.30. Distanzverhältnis bei Pyrometern

Strahlungspyrometer mit einem Distanzverhältnis von 1:10 bis 1:100 sind üblich. Die meisten Pyrometer arbeiten mit fester Brennweite und fester Entfernung Hauptebene-Detektor.

Strahlungspyrometer lassen sich nach verschiedenen Gesichtspunkten einteilen. Nach der spektralen Empfindlichkeit können unterschieden werden Spektralpyrometer, Bandstrahlungspyrometer, Gesamtstrahlungspyrometer und Verhältnispyrometer. Diese Pyrometer messen die im folgenden Abschnitt definierten Temperaturen. Der empfangene Strahlungsfluß hängt über die Strahldichte nach dem Planckschen Gesetz von der Temperatur des Strahlers und seinem gerichteten Emissionsgrad ab. Dieser Emissionsgrad ist bei vielen technischen Anwendungen zunächst nicht bekannt. Die Werte einiger technisch wichtiger Materialien gibt Tabelle 6.4.

Tabelle 6.4. Emissionsgrad der Gesamtstrahlung technischer Flächen bei $20^{\circ}C$

Metalle	ε	Sonstige Stoffe	ε
Metalle, blank poliert	0,03-0,05	Schamotte	0,85
Aluminiumblech, roh	0,07	Emaille, Lacke	0,91
Messing, matt	0,22	Porzellan, glasiert	0,92
Stahl, blank geschmirgelt	0,24	Papier, Holz	0,80
Stahlblech, Walzhaut	0,77	Wasser, Eis	0,96
Stahl, stark verrostet	0,85		

Im allgemeinen wird ein Pyrometer durch Messungen an einem schwarzen
Körper (Hohlraum-Strahler) justiert. Die Temperatur des schwarzen
Körpers wird dabei mit einem Berührungsthermometer gemessen.

Mißt man mit einem Pyrometer, das am schwarzen Körper justiert worden
ist, die Temperatur am Meßobjekt, so wird ein Meßfehler auftreten,
der vom Emissionsvermögen des Meßobjekts abhängt. Um diesen Fehler abzuschätzen, dienen folgende Temperaturdefinitionen:

1. Die wahre Temperatur T ist die Temperatur des Meßgegenstandes. Die
   Messung erfolgt auch hier zweckmäßig mit Berührungsthermometern.

2. Die schwarze Temperatur T_s ist die Temperatur des schwarzen Strahlers, der im Bereich $d\lambda$ die gleiche Strahldichte wie der Meßgegen-
   stand hat. Die Abweichung der Temperaturen voneinander hat im Emissionsgrad des Meßobjekts seine Ursache. Der Zusammenhang zwischen
   der schwarzen Temperatur T_s und der wahren Temperatur T errechnet
   sich einfach aus dem Wienschen Gesetz

$$L_s(\lambda) = \frac{C_1}{\Omega_0 \pi \lambda^5} e^{-\frac{C_2}{\lambda T_s}} = L(\lambda) = \frac{\varepsilon \cdot C_1}{\Omega_0 \pi \lambda^5} e^{-\frac{C_2}{\lambda T}} \quad ,$$

(6.47)

$$T = \frac{C_2 T_s}{T_s \cdot \lambda \cdot \ln\varepsilon + C_2} \quad .$$

Es gilt immer $T > T_s$.

3. Die Bandstrahlungstemperatur T_B ist ähnlich definiert wie die schwarze
   Temperatur. Der betrachtete Wellenlängenbereich, in dem die Strahldichte von Meßobjekt und schwarzem Strahler übereinstimmt, ist hier
   im Gegensatz zur schwarzen Temperatur nicht $d\lambda$, sondern von endlicher Breite $\lambda_1 < \lambda < \lambda_2$.

4. Gesamtstrahlungstemperatur. Auch die Gesamtstrahlungstemperatur T_t
   ist wie in 1. definiert. Der Wellenlängenbereich, in dem die Strahl-
   dichten verglichen werden, umfaßt hier aber mindestens 90 % der emittierten Strahlung. Der Zusammenhang zwischen der wahren Temperatur T
   und der Gesamtstrahlungstemperatur T_t wird nach dem Stefan-Boltzmann-
   schen Gesetz

$$L_s = \frac{\sigma}{\Omega_0 \pi} T_t^4 = L = \frac{\varepsilon_t \cdot \sigma}{\Omega_0 \pi} T^4 \quad ; \quad \frac{T}{T_t} = \frac{1}{\sqrt[4]{\varepsilon_t}} \quad .$$

(6.48)

Die Gesamtstrahlungstemperatur T_t ist immer kleiner als die wahre
Temperatur T, da der Emissionsgrad ε_t kleiner als eins ist.

5. <u>Verhältnistemperatur</u>. Die Verhältnistemperatur wird auch aus dem Vergleich der Strahldichte des Meßobjekts und des schwarzen Körpers gewonnen. Es gibt Pyrometer, die das Ausgangssignal aus dem Verhältnis zweier Spektraldichten bilden.

Die Verhältnistemperatur ist die Temperatur T_r eines schwarzen Strahlers, bei der sein Strahldichteverhältnis bei den Wellenlängen λ_1 und λ_2 dasselbe wie beim Meßobjekt ist.

$$\frac{L(\lambda_1)}{L(\lambda_2)} = \frac{\varepsilon(\lambda_1)\,\lambda_2^5\,e^{\frac{C_2}{\lambda_2 T}}}{\varepsilon(\lambda_2)\,\lambda_1^5\,e^{\frac{C_2}{\lambda_1 T}}} = \frac{L_s(\lambda_1)}{L_s(\lambda_2)} = \frac{\lambda_2^5\,e^{\frac{C_2}{\lambda_2 T_r}}}{\lambda_1^5\,e^{\frac{C_2}{\lambda_1 T_r}}} \qquad (6.49)$$

$$\boxed{\frac{1}{T} = \frac{1}{T_r} + \frac{\ln\frac{\varepsilon(\lambda_1)}{\varepsilon(\lambda_2)}}{C_2\left(\frac{1}{\lambda_1} - \frac{1}{\lambda_2}\right)}}\,.$$

Für den grauen Strahler ist $\varepsilon(\lambda_1) = \varepsilon(\lambda_2)$, $\ln\dfrac{\varepsilon(\lambda_1)}{\varepsilon(\lambda_2)} = 0$ und damit $T = T_r$.

Pyrometer lassen sich auch nach den charakteristischen Bauteilen unterscheiden, z.B. Hohlspiegelpyrometer, Glaslinsenpyrometer, Thermoelementpyrometer, Photozellenpyrometer.
Die Optik für Strahlungspyrometer macht besonders für niedere Temperaturen Schwierigkeiten. Nach dem Wienschen Verschiebungsgesetz liegt das Intensitätsmaximum für Raumtemperaturen bei großen Wellenlängen von etwa 10 µm. Glas scheidet in dem Bereich für die Optik aus, da es die Strahlung mit einer Wellenlänge von mehr als 3 µm absorbiert.
Bis zu Wellenlängen von 4 µm kommt man mit Quarzoptiken aus. Bei niederen Temperaturen bleibt nur der Hohlspiegel, der in fast idealer Weise auch langwellige Strahlung reflektiert.

Im Detektor wird die empfangene Strahlungsleistung in ein elektrisches Signal umgesetzt. Die Strahlungsempfänger unterscheiden sich hinsichtlich ihrer spektralen Empfindlichkeit, es gibt schwarze und selektive Detektoren.
Die schwarzen Strahlungsempfänger haben eine von der Wellenlänge unabhängige Empfindlichkeit. Diese Bedingung wird annähernd von thermischen Empfängern erfüllt. Dabei wird die auffallende Strahlungsleistung in eine Temperaturerhöhung des Detektors umgesetzt und diese Temperaturerhöhung in ein elektrisches Signal umgeformt. Beispiele sind Thermosäulen (hintereinander geschaltete Thermoelemente), Widerstandsther-

mometer (Bolometer) und von der Temperatur abhängige Kapazitäten.

Thermische Detektoren sind, da ihre Masse erwärmt werden muß, naturge-
mäß langsam. Eine kurze Anzeigeverzögerung verlangt nach Abschnitt 6.2.1
kleine Wärmekapazität des Detektors und großen Wärmeübergang zur Umgebung. Große Empfindlichkeit verlangt aber kleine Wärmeableitung an
die Umgebung. Im stationären Zustand ist die pro Zeiteinheit einfallende Energie, der Strahlungsfluß, gleich der an die Umgebung abgege-
benen Energie. Der Wärmeübergang an die Umgebung kann z.B. dadurch
klein gehalten werden, daß man den Detektor in ein evakuiertes Gefäß
setzt.

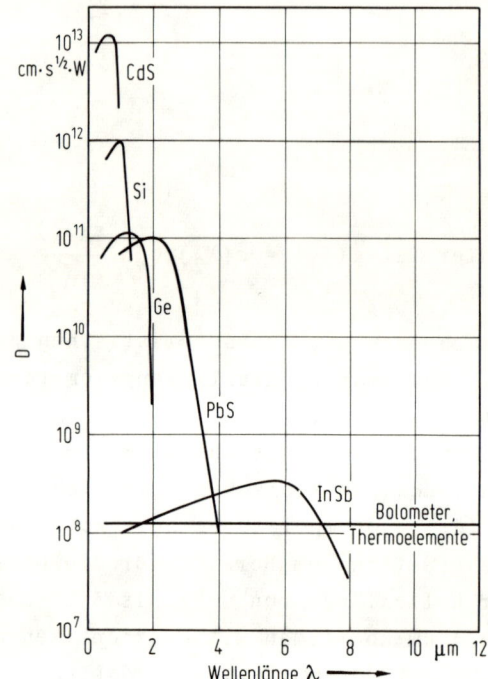

Bild 6.31. Empfindlichkeit verschiedener Strahlungspyrometer

Selektive Empfänger sind Quantendetektoren. Die Photonen des Strahlungsflusses geben ihre Energie an die Ladungsträger des Empfängers
ab. Dadurch können z.B. Ladungsträger in das Leitungsband gelangen oder
ganz vom Detektor gelöst werden. Die Energie eines Quantes aus der
Strahlung ist h·ν oder $\frac{hc}{\lambda}$. Der Übergang eines Ladungsträgers im Detektor auf ein anderes Niveau erfordert eine bestimmte Mindestenergie.

Quantendetektoren für langwellige Strahlung haben deshalb Energieniveaus, die dicht beieinander liegen. Solche eng beieinander liegenden Niveaus sind aber bereits bei Raumtemperaturen angeregt. Man hilft sich dadurch, daß man diese Detektoren im Betrieb auf sehr tiefe Temperatur abkühlt. Dies erfordert einigen Aufwand. Dem steht aber ein hoher Wirkungsgrad und eine Einstellzeit im Millisekunden-Bereich gegenüber (Bild 6.31).

Zwei Beispiele von Strahlungspyrometern sollen im folgenden beschrieben werden :

1. Gesamtstrahlungspyrometer ARDONOX (Siemens AG)
   Bild 6.32 zeigt den schematischen Aufbau. Als Optik wird eine Hohl-spiegeloptik verwendet. Durch das Zentrum des Hohlspiegels geht ein Visierrohr, damit das Meßobjekt anvisiert werden kann. Ein 19-faches Thermoelement dient als Detektor. Bei einer Temperaturmessung von 100 $^{\circ}$C ergibt sich in der Thermokette ein Temperaturunterschied von etwa 1 $^{\circ}$C. Das Distanzverhältnis liegt beim ARDONOX etwa bei 1:5. Das ARDONOX ist für Temperaturmessungen von minus 40 $^{\circ}$C bis etwa 100 $^{\circ}$C geeignet.

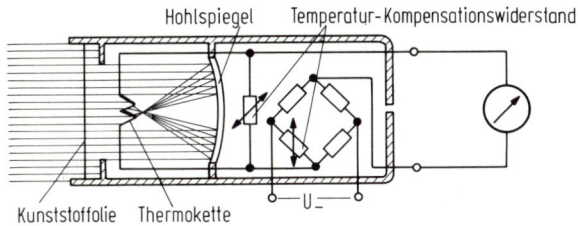

Bild 6.32. ARDONOX

2. Verhältnispyrometer ARDOCOL (Siemens AG)
   Bild 6.33 zeigt den schematischen Aufbau.

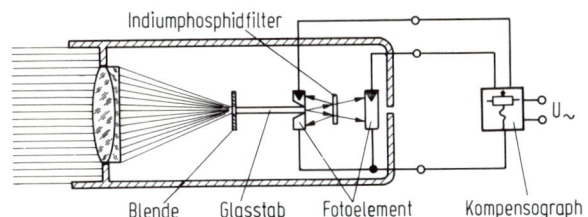

Bild 6.33. ARDOCOL

Die Strahlung wird von einem vierlinsigen, fest eingestellten Objektiv empfangen. Sie bildet den Strahler auf eine Blende vor der Stirnfläche des Lichtleitstrahles ab. Im Lichtleitstab erfolgt eine Mehrfachreflektion der Strahlung. Dadurch wird die einfallende, eventuell polarisierte Strahlung homogenisiert. An der anderen Stirnfläche tritt die Strahlung diffus aus. Ein Filter aus Indiumphosphid ist durchlässig für die Strahlung mit einer Wellenlänge von mehr als 1 µm. Die Strahlung mit einer Wellenlänge unter 1 µm wird vom Filter reflektiert. Beide Strahlungsanteile gelangen auf Siliciumfotoelemente die eine wellenlängenabhängige Empfindlichkeit haben. Durch das Indium phosphidfilter und die spektrale Empfindlichkeit der Siliciumfotoelemente wird die Strahldichte bei einer Wellenlänge von etwa 0,85µm und 1,05 µm gemessen und in einem Servoschreiber das Verhältnis der beiden Spannungen gebildet und die Verhältnistemperatur angezeigt. Das Distanzverhältnis liegt bei 1:10 und 1:50. Meßbereiche ab 800 $^{\circ}$C aufwärts können gewählt werden. Hat das Objekt im Wellenlängenbereich um 0,85 µm und um 1,05 µm den gleichen spektralen Emissionsgrad, entspricht die angezeigte Temperatur der Temperatur des Objektes. Strahlung absorbierende Schichten zwischen Objekt und Pyrometer wie z.B. Staub oder Wasserdampf, sind auf die Messung fast ohne Einfluß, wenn das Absorptionsvermögen der Schicht im betreffenden Wellenlängenbereich konstant ist.

Temperaturstrahlungsthermometer werden besonders vorteilhaft für folgende Anwendungsgebiete eingesetzt

1. Messungen von Temperaturen oberhalb von 1400 $^{\circ}$C. Thermoelemente können dort nur noch unter erheblicher Einbuße an Lebensdauer eingesetzt werden.

2. Messungen von Temperaturen an Objekten mit geringer Wärmekapazität oder schlechter Wärmeleitfähigkeit. Berührungsthermometer entziehen im dem Fall dem Objekt viel Wärme und zeigen nicht die wahre Temperatur an.

3. Messung von Temperaturen an bewegten und/oder unzugänglichen Objekten.

4. Messung schnell veränderlicher Temperaturen. Hier wird die relativ kurze Einstellzeit von Pyrometern gegenüber Berührungsthermometern genutzt.

7. Zeitmessung

7.1 Grundbegriffe und Einheiten

Bei jeder Zeitmessung wird der zeitliche Verlauf eines Vorgangs mit dem eines bekannten Vorgangs verglichen. Ein Vergleichsvorgang ist z.B. die von uns als periodisch angenommene bekannte Bewegung der Himmelskörper. So war bis vor kurzem die Einheit der Zeit, die Sekunde, als der 86400. Teil des mittleren Sonnentages definiert. Diese sogenannte Ephemeridensekunde läßt sich jedoch nicht schnell genug reproduzieren. 1967 hat deshalb die Internationale Konferenz für Maß und Gewicht ein atomares Frequenzetalon angenommen. Nach diesem Beschluß ist eine Sekunde das 9192631770-fache der Periodendauer der dem Übergang zwischen den zwei Hyperfeinstrukturniveaus entsprechenden Strahlung des Cäsiumnuklids ^{133}Cs mit dem Atomgewicht 133. Solche Cäsiumatometalons stimmen mit der außergewöhnlich hohen Genauigkeit von 10^{-11} miteinander überein.

Ist t_n die Sollanzeige und t_x die Istanzeige einer Uhr, so bezeichnet man $t_e = t_x - t_n$ als den Fehler der Uhr. Der Gang G einer Uhr ist als relativer Fehler über das Zeitintervall t_{n1} bis t_{n2} definiert

$$G = \frac{t_{e2}-t_{e1}}{t_{n2}-t_{n1}} = \frac{(t_{x2}-t_{x1})-(t_{n2}-t_{n1})}{t_{n2}-t_{n1}} \quad . \tag{7.1}$$

Als Gang kann auch die relative Frequenzabweichung des Schwingsystems der Uhr angegeben werden

$$G = \frac{f_{ist} - f_{soll}}{f_{soll}} \quad . \tag{7.2}$$

In der Prozeßmeßtechnik sind die Ansprüche an die Zeitmessung nicht
sehr hoch, als Vergleichsvorgänge werden einfache mechanische oder
elektrische Vorgänge herangezogen. Grundsätzlich ist eine Zeitmeß-
einrichtung entsprechend Bild 7.1 aufgebaut.

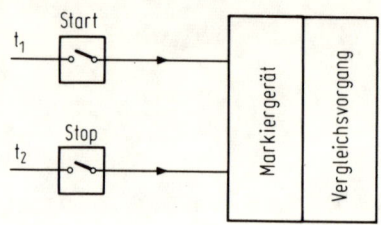

Bild 7.1. Einrichtung für die Zeitmessung

Im Zeitmeßgerät läuft der Vergleichsvorgang ab. Bei Beginn des Meßvorgangs zur Zeit t_1 wird im Zeitmeßgerät eine Markierung gesetzt, z.B.
durch ein elektrisches Signal oder durch Handtastung. Am Ende des
Meßvorgangs zur Zeit t_2 wird der Stoppschalter betätigt, im Zeitmeßgerät wird eine zweite Markierung gesetzt. Der zeitliche Ablauf des
Vergleichsvorgangs ist bekannt, der Abstand der Marken entspricht
demnach der zu erfassenden Zeitspanne $t_2 - t_1$.

Eine sehr einfache, oft verwendete Methode der Zeitmessung in der
Prozeßmeßtechnik arbeitet folgendermaßen:

Als Start- und Stoppschalter dient z.B. ein Weggeber, der nach einer
der in Kap. 2 geschilderten Methoden arbeitet. Als Zeitmeßgerät wird
etwa ein elektrischer Schreiber mit konstantem Papiervorschub v gewählt. Wird zur Zeit t_1 der Startgeber betätigt, wird das Registrierpapier markiert, desgleichen am Ende der Messung zur Zeit t_2. Ist a
der Abstand der Marken auf dem Registrierpapier, so errechnet sich
die Zeitspanne zwischen den Marken zu

$$t_2 - t_1 = \frac{a}{v} \ .$$

7.2 Mechanische Zeitnormale

7.2.1 Mechanische Uhren

Mechanische Uhren sind die am weitesten verbreiteten Zeitmeßeinrich-

tungen. Als Vergleichsvorgang dient die Pendelschwingung im Schwerefeld der Erde oder die Drehschwingung einer federgefesselten Masse
(Unruhe). Uhren mit Markierungseinrichtungen heißen Stoppuhren. Bei
den meisten Stoppuhren erfolgt die Start-Stopp-Markierung von Hand,
es gibt aber auch Stoppuhren, bei denen die Markierung mit elektrischen Kontakten erfolgt.

Der Gang mechanischer Uhren ist erstaunlich gering. Auch bei billi-
gen Uhren ist ein Gang von 10^{-4} bis 10^{-5} erreichbar.

7.2.2 Quarzuhren

Quarzuhren benutzen als Vergleichsvorgang die mechanischen Schwingungen eines Quarzes. Auf eine dünne linsenförmige Quarzscheibe sind
Metallelektroden aufgedampft, an die eine Spannung U gelegt wird. Wie
in Abschnitt 3.4 besprochen wurde, bewirkt ein elektrisches Feld eine
Dehnung im Quarz. Diese Dehnung stellt sich aber nicht momentan ein,
sondern erst wenn die Massenträgheitskräfte des Quarzes überwunden
sind.

Jeder feste Körper kann zu mechanischen Eigenschwingungen angeregt
werden. Wir betrachten hier Longitudinalschwingungen, die bei einer
Platte bestimmter Abmessungen von der Dicke und dem Elastizitätsmodul des Materials abhängen. Grundsätzlich sind Schwingungen bei
verschiedenen Frequenzen, den Eigenwerten der Schwingungsgleichung,
einer partiellen Differentialgleichung, möglich. Wir beschränken uns
hier auf die Grundschwingung mit einer auf die Fläche bezogenen Masse m und einer auf die Fläche bezogenen der Dehnungsgeschwindigkeit
$\dot{\varepsilon}$ proportionalen Dämpfung $D\dot{\varepsilon}$. Die Gln. (3.8) und (3.9) für den stationären Fall werden damit für den dynamischen Fall unter Berück-
sichtigung der Trägheits- und Dämpfungskraft im Kristall zu

$$\varepsilon = \frac{1}{E_m} (-m \cdot \ddot{\varepsilon} - D \cdot \dot{\varepsilon}) + a \cdot E$$

$$P = a (-m \cdot \ddot{\varepsilon} - D \cdot \dot{\varepsilon}) + \kappa \cdot E \quad .$$

$$(7.3)$$

Bei der vorliegenden Anwendung interessiert die Beziehung zwischen
der elektrischen Feldstärke E und der Polarisation P oder die Beziehung zwischen der angelegten Spannung $U = d \cdot E$ und dem Strom
$I = \frac{\partial P}{\partial t} \cdot A$. Dabei ist d die Dicke der Platte und A die Elektroden-
fläche.

Wird Gl. (7.3) der Laplace-Transformation unterworfen und die Dehnung
ε eliminiert, so ergibt sich

$$I = \frac{A\ (\kappa - E_m\ a^2)}{d} \cdot U \cdot s + \frac{E_m^2\ a^2\ A}{d}\ U\ \frac{1}{\left\{\dfrac{E_m}{s} + ms + D\right\}} \quad . \tag{7.4}$$

Damit läßt sich ein Ersatzschaltbild des Schwingquarzes angeben
(Bild 7.2), wenn die Gl. (7.4) wie folgt interpretiert wird:

$$I = C_o\ U \cdot s + U\ \frac{1}{\left\{\dfrac{1}{sC_1} + sL + R\right\}} \quad . \tag{7.5}$$

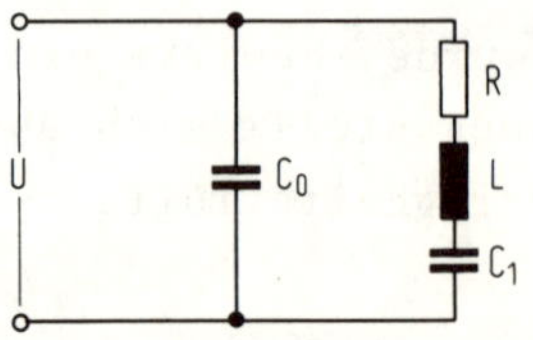

Bild 7.2. Ersatzschaltbild eines Schwingquarzes

Die Gütefaktoren der Quarze sind außerordentlich hoch (bis 10^6). Mit
Schwingquarzen lassen sich in den bekannten Rückkopplungsschaltungen
Frequenzgeneratoren mit genau definierten Frequenzen bauen. Die Pa-
rallelkapazität C_o liegt oft bei einigen pF, die dynamische Kapazität C_1 bei einigen 10^{-2} bis 10^{-3} pF. Der Temperatureinfluß kann durch
Einbau in einen Thermostaten gering gehalten werden. Die Langzeit-
drift eines guten Quarzes liegt bei 10^{-10}/Tag.

7.3 Synchronuhren

Synchronuhren enthalten einen vom Wechselspannungsnetz betriebenen
Synchronmotor. Die Drehzahl des Motors ist streng proportional der
Netzfrequenz, die von den Elektrizitätswerken im allgemeinen auf
einem Gang von weniger als 10^{-3} gehalten wird. Als Start- und Stoppschalter dienen mechanische Tasten oder elektrische Kontakte. Der
Synchronmotor ist oft mit einem einfachen Zählwerk kombiniert, das
auf das Startsignal mit dem Motor gekoppelt, auf das Stoppsignal vom
Motor getrennt wird. Die Zeit zwischen dem Start- und Stoppsignal
wird damit direkt angezeigt. Meßbereiche von einigen Sekunden bis
einigen Stunden sind möglich.

7.4 Elektrische Vergleichsvorgänge

Die Ladung Q, die durch den Strom i(t) in der Zeit t bis t_1 transportiert wird, ist gegeben durch

$$Q = \int_{t_o}^{t_1} i(t) \, dt \quad .\tag{7.6}$$

Ist i(t) bekannt und wird Q gemessen, liegt die Zeitspanne t_1-t_o fest. Für i = const z.B. ergibt sich

$$t_1 - t_o = \frac{Q}{i} \quad .$$

Als Integrierglieder werden Galvanometer und Gleichstrommotoren benutzt. Das Zeitverhalten beider wird durch folgende Differentialgleichung beschrieben

$$\Theta \, \ddot{\alpha} + D \, \dot{\alpha} + C \, \alpha = K_1 \cdot i(t) = K_2 \cdot u(t) \quad .\tag{7.7}$$

Dabei ist Θ das Trägheitsmoment, D die Dämpfungskonstante, C die Richtkraft, K_1 und K_2 sind Gerätekonstanten. Bei Gleichstrommotoren ist die Richtkraft C = 0.

Mit dem ballistischen Galvanometer mißt man Zeiten, die erheblich unter der Schwingungsdauer des Systems liegen. Die äußere Kraft K_1 i(t) kann damit als Impuls der Größe

$$K_1 \int_{t_o}^{t_1} i(t) \, dt$$

angenommen werden. Der maximale Ausschlag α_{max} ist dem Impuls

$$K_1 \int_{t_o}^{t_1} i(t) \, dt \quad ,$$

bei konstantem Strom i der Zeitspanne t_1-t_o, proportional. Aus Gl. (7.7) wird im Bildbereich der Laplace-Transformation

$$(\Theta \cdot s^2 + Ds + C) \, \alpha = K_1 \, i \, (t_1-t_o) \quad .$$

Die Lösung im Zeitbereich lautet

$$\alpha = \frac{K_1}{\Theta}\, i\, (t_1-t_o) \cdot \frac{1}{\omega\sqrt{1-\delta^2}} \cdot e^{-\delta\omega(t-t_o)} \sin\left[\omega\sqrt{1-\delta^2}\,(t-t_o)\right],$$

mit $\omega^2 = \dfrac{C}{\Theta}$, $\delta\omega = \dfrac{D}{\Theta}$ $\quad \delta < 1$.

Den maximalen Ausschlag α_{max} erhält man aus $\dfrac{d\alpha}{dt} = 0$ zu

$$\alpha_{max} = \frac{K_1}{\Theta} \cdot i \cdot (t_1-t_o) \cdot \frac{1}{\omega} \exp\left(-\frac{\delta}{\sqrt{1-\delta^2}}\arctan\frac{\sqrt{1-\delta^2}}{\delta}\right)$$

Für fast aperiodisch gedämpfte Systeme $(\delta \to 1)$ gilt

$$\alpha_{max} = \frac{K_1}{\omega\cdot\Theta\cdot e} \cdot i \cdot (t_1-t_o) \quad . \tag{7.8}$$

Nachteilig ist, daß der Ausschlag α_{max} zur Ablesung nur kurzzeitig zur Verfügung steht. Meßbereiche bis herauf auf einige hundert ms sind mit Fehlern von einigen Prozent erreichbar.

Beim Kriechgalvanometer ist das Trägheitsmoment und die Richtkraft im Vergleich zur Dämpfungskraft sehr klein, das System ist weit überaperiodisch gedämpft $(\delta > 1)$. Die Dämpfung wird durch niederohmigen Abschluß der Spule erreicht. Im Rähmchen können große Induktionsströme fließen. Für einen Spannungsimpuls der Größe $K_2\cdot U\cdot(t_1-t_o)$ wird der Ausschlag mit Gl. (7.7)

$$\alpha(t) = K_2\cdot U\cdot(t_1-t_o)\frac{e^{-\delta\omega(t-t_o)}}{\omega\sqrt{\delta^2-1}}\sinh\left[\omega\sqrt{\delta^2-1}\,(t-t_o)\right] \quad .$$

Für $\delta \gg 1$, $\sqrt{\delta^2-1} \approx \delta - \dfrac{1}{2\delta}$ wird

$$\alpha(t) = \frac{K_2}{D}\cdot U\cdot(t_1-t_o)\left\{e^{-\frac{\omega}{2\delta}(t-t_o)} - e^{-2\delta\omega(t-t_o)}\right\} \quad .$$

Das Kriechgalvanometer liefert nach Wirkung des Impulses einen Ausschlag, der vom Glied $e^{-2\delta\omega t}$ bestimmt wird. Ist dieser Ausdruck zu Null geworden, bleibt ein fast stationärer Wert des Ausschlages erhalten, der zur Zeitmessung benutzt wird.

$$\alpha_{stat} \approx \frac{K_2}{D} \cdot U \cdot (t_1-t_0) \left\{1 - \frac{\omega}{2\delta}(t-t_0)\right\} \quad . \tag{7.9}$$

Die Meßbereiche von Kriechgalvanometern liegen etwa zwischen 50 ms und einigen Sekunden, der Fehler bei etwa 2%.

Gleichstrommotoren, die mit konstanter Spannung betrieben werden, können zur Zeitmessung herangezogen werden. Der Meßvorgang wird ebenfalls durch Gl. (7.7) beschrieben. Auf den Motor wirkt die Kraft $K_2 \cdot U$ während der Zeit (t_1-t_0). Im Bildbereich der Laplace-Transformation ergibt sich aus Gl. (7.7)

$$(\Theta \cdot s^2 + D \cdot s) \cdot \alpha = K_2 \, U \, \frac{1}{s} \left\{ e^{-t_0 \cdot s} - e^{-t_1 \cdot s} \right\} \quad .$$

Im Zeitbereich erhält man für den Drehwinkel des Motors

$$\alpha = \frac{K_2}{D} \cdot U \left\{ (t-t_0) + T \cdot e^{-\frac{t-t_0}{T}} - (t-t_1) - T \cdot e^{-\frac{t-t_1}{T}} \right\} ,$$

mit $T = \frac{\Theta}{D}$.

Und für große t

$$\alpha = \frac{K_2}{D} \cdot U \cdot (t_1-t_0) \quad . \tag{7.10}$$

Mit Gleichstrommotoren sind Zeitmessungen ab etwa 10 ms möglich. Der Fehler liegt bei 1%. Die Meßunsicherheit ist bestimmt durch die mechanische Reibung im Lager des Motors, die in obiger Rechnung unberücksichtigt blieb. Besonders bei kurzen Zeiten wirkt sich die Reibung stark auf den Fehler aus.

8. Geschwindigkeits- und Drehzahlmessung

8.1 Grundbegriffe

Ist Δt die Zeit, die eine Marke auf einem bewegten Körper braucht, um die bekannte Strecke Δs zwischen zwei festen Schranken zurückzulegen, so ist die mittlere Geschwindigkeit des Körpers definiert als Quotient des Weges Δs und der Zeit Δt

$$\overline{v} = \frac{\Delta s}{\Delta t} \ . \tag{8.1}$$

Mathematisch ist die Geschwindigkeit eines Körpers, der den Weg $s(t)$ zurücklegt, definiert als

$$v = \frac{ds}{dt} = \dot{s} \tag{8.2}$$

Die mittlere Geschwindigkeit wird damit in Übereinstimmung mit Gl. (8.1)

$$\overline{v} = \frac{1}{\Delta t} \int_{t}^{t+\Delta t} v\,dt \quad = \frac{1}{\Delta t} \int_{s}^{s+\Delta s} ds = \frac{\Delta s}{\Delta t} \ .$$

Als mittlere Winkelgeschwindigkeit oder auch Kreisfrequenz eines sich drehenden Körpers ist der Quotient aus dem Drehwinkel $\Delta\phi$ um den Drehpunkt und der Zeit Δt definiert.

$$\overline{\omega} = \frac{\Delta\phi}{\Delta t} \ .$$

Analog zu Gl. (8.2) gilt für die Winkelgeschwindigkeit

$$\omega = \frac{d\phi}{dt} = \dot{\phi} \ . \tag{8.3}$$

In der Technik arbeitet man vorzugsweise mit der Frequenz

$$f = \frac{\omega}{2\pi} \quad ,$$

bei drehenden Maschinen auch mit der Drehzahl n. Für U Umdrehungen
in der Zeit t gilt

$$n = \frac{\omega}{2\pi} = f = \frac{U}{t} \quad .$$

Eine Umdrehung entspricht einem Winkel von 2π oder $360\,^{\circ}$.

Die Einheit der Geschwindigkeit ist 1 m/s, die der Winkelgeschwindigkeit rad/s. Die Drehzahl wird oft in Umdrehungen pro Minute 1/min =
1/60 s angegeben.

Die Lineargeschwindigkeit von festen Körpern wird meist mit Hilfe von
aufgesetzten Reibrädern o.Ä. in Winkelgeschwindigkeit (Drehzahl) umgeformt. Die Lineargeschwindigkeit von Fluiden wurde in Kap. 5 in
Zusammenhang mit dem Durchfluß behandelt.

8.2 Geschwindigkeitsmessung als Frequenzmessung

Die Geschwindigkeitsmessung kann auf eine Frequenzmessung zurückgeführt werden, wenn man auf dem bewegten Körper Marken im gleichen bekannten Abstand Δs anbringt und die Anzahl f der Marken feststellt, die
in der Zeiteinheit eine feste Schranke passieren, $v = f \cdot \Delta s$.

Für die Konstruktion von Marken und Schranken gibt es sehr viele Möglichkeiten. Das Verfahren ist vielseitig anwendbar und weit verbreitet.
Die Meßunsicherheit kann durch Verringerung des Markenabstandes Δs beliebig klein gehalten werden. Bei der digitalen Weiterverarbeitung
der Impulsfrequenz kommen kaum weitere Fehler hinzu.

Bild 8.1 zeigt schematisch einen nach diesem Prinzip arbeitenden Geber,
bei dem der bewegte Körper lichtdurchlässig ist und geschwärzte Stellen
die Marken darstellen.

Der in Abschnitt 5.4 beschriebene Turbinenmesser mit induktivem Abgriff
arbeitet auch nach diesem Prinzip, dabei stellt der induktive Abgriff
die Schranke, der Flügel aus ferromagnetischem Material die Marke dar.

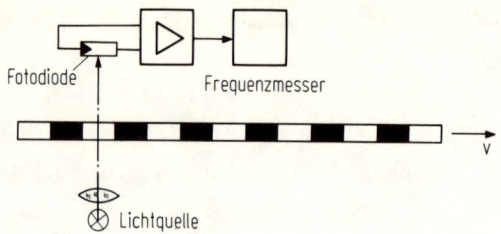

Bild 8.1. Geschwindigkeitsmessung als Frequenzmessung

8.3 Induktive Geber

Induktive Geber liefern ein der Geschwindigkeit direkt proportionales
Signal. Allen induktiven Gebern ist gemeinsam, daß sich Spulen oder
Leiter relativ zu einem Magnetfeld bewegen. Als Ausgangssignal dient
entweder die induzierte Spannung, wie z.B. bei der Gleichstrommaschine
als Tachodynamo (Abschnitt 8.3.1) und der Unipolarmaschine (8.3.2),
oder die Kraft, die auf einen bewegten Leiter im Magnetfeld wirkt
wie z.B. beim Wirbelstromtachometer (Abschnitt 8.3.2). Die wichtigsten Möglichkeiten zeigt Bild 8.2.

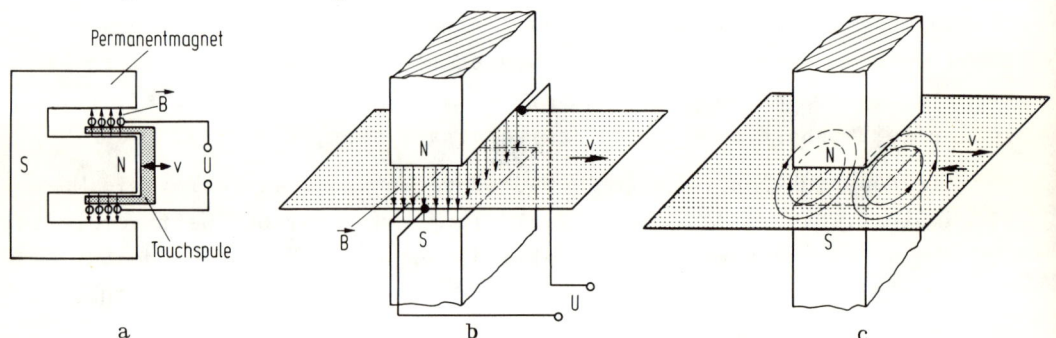

Bild 8.2. Induktive Geschwindigkeitsgeber

8.3.1 Gleichstrommaschine als Tachodynamo

Im Feld eines Permanentmagneten dreht sich ein Doppel-T-Anker mit einer
Spule. Die Enden der Spule liegen am Kollektor, von dem die induzierte
Spannung mit Bürsten abgenommen wird (Bild 8.3).

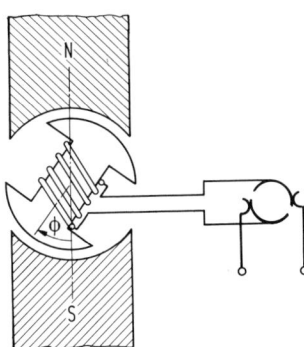

Bild 8.3. Gleichstromdynamomaschine

Ist das Feld B homogen und A die Spulenfläche, so ist der Fluß durch
die Spule annähernd gegeben durch

$$\Phi = A \cdot B \cdot \cos \phi \ ,$$

mit ϕ als dem Winkel zwischen Flächennormalen und Feldrichtung. Die in
der Spule induzierte Spannung U ist mit der Windungszahl w

$$U = -w \frac{d\Phi}{dt} = w \cdot A \cdot B \cdot \sin \phi \cdot \frac{d\phi}{dt}$$

und bei konstanter Winkelgeschwindigkeit ω, $\phi = \omega t$

$$U = w \cdot A \cdot B \cdot \omega \cdot \sin \omega t. \tag{8.4}$$

Der Kollektor ist so justiert, daß die Spannung U immer beim Nulldurch-
gang umgepolt wird. Als Ausgangssignal liegt die Spannung

$$U_A = w \ A \cdot B \cdot \omega \ |\sin \omega t| \qquad \text{an.}$$

Das arithmetische Mittel dieser Spannung ist

$$\overline{U_A} = w \ A \cdot B \cdot \omega \cdot \frac{\omega}{\pi} \int_{0}^{\pi/\omega} \sin \omega t \ dt = \frac{2}{\pi} \ w \ A \cdot B \cdot \omega \ . \tag{8.5}$$

Mit Gleichstrommaschinen lassen sich Drehzahlen mit wenig Aufwand
messen. Um die Welligkeit klein zu halten, wird der Anker 6- oder
8-polig als Trommelanker ausgebildet. Die Hauptvorteile sind: große
Empfindlichkeit, gute Linearität und ein Vorzeichenwechsel des Ausgangs-

signals beim Ändern des Drehsinns. Ein Temperaturfehler des Gerätes
wird bei hochohmiger Spannungsmessung allein durch den Temperaturgang
der Feldstärke B verursacht, der von der Güte des gewählten Permanentmagneten im Stator abhängt. Die relativen Fehlergrenzen liegen etwa
bei 1 %. Für höhere Ansprüche empfehlen sich die Verfahren nach 8.2.

8.3.2 Unipolarmaschine und Wirbelstromtachometer

Bei beiden Geschwindigkeitsgebern bewegen sich plattenförmige Leiter
im Magnetfeld. Bei der induktiven Durchflußmessung (Abschnitt 5.3) wurde
aus dem Induktionsgesetz die Hauptgleichung für bewegte Leiter im Magnetfeld hergeleitet (Gl. 5.43). Danach gilt für das elektrische Potential U

$$\Delta U = \text{div}(\vec{v}\times\vec{B}) \tag{8.6}$$

und für die Stromdichte i, Gl. (5.33):

$$\vec{i} = \sigma(-\text{grad } U + \vec{v}\times\vec{B}). \tag{8.7}$$

Dabei ist $\vec{v}$ die Relativgeschwindigkeit und $\vec{B}$ die magnetische Induktion.
Um zu einfachen Ergebnissen zu kommen, wird hier angenommen, daß das
Magnetfeld homogen ist und die Richtung der negativen Z-Achse hat und
daß der Leiter an jedem Ort die gleiche Geschwindigkeit $\vec{v} = (v,0,0)$
hat. Eine Drehbewegung des Leiters mit einer Drehachse senkrecht zur
Leiterebene wird ausgeschlossen.

8.3.2.1 Die Unipolarmaschine

Bei der Unipolarmaschine reicht das Magnetfeld über die Breite 2·1 des
Leiters hinaus. Die induzierte Spannung wird mit Bürsten an den Stellen
x=0, y=$\pm$1 abgenommen (Bild 8.4).

Ist L>>1, hängen alle Größen nur von y ab, das Problem wird damit ein-
dimensional. Am Rand des Leiters y = $\pm$1 ist i_y = 0 oder mit Gl. (8.7)
grad U = v·B. Die abgegriffene Spannung wird

$$U = 21\cdot v\cdot B . \tag{8.9}$$

Im Leiter baut sich durch die Ladungen am Leiterrand ein elektrisches
Feld auf, welches das induzierte Feld E_{ind} = v·B in y-Richtung kompensiert und einen Stromfluß verhindert.

Was bedeutet die Voraussetzung L$\gg$1? Die allgemeine Rechnung führt zu

einem Randwertproblem mit der Differentialgleichung (8.6), das nicht
mit Hilfe einfacher Funktionen zu lösen ist. Hier sollen durch eine
Näherungsrechnung die wesentlichen Zusammenhänge gezeigt werden.

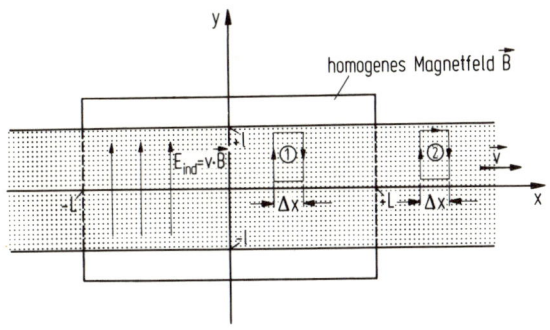

Bild 8.4. Zur Funktionsweise der Unipolarmaschine

Die Anordnung ist auf verschiedene Weise symmetrisch, es ist
$U(x,y) = -U(x,-y)$ und $U(x,y) = U(-x,y)$ wenn der x-Achse das Potential
Null zugeschrieben wird. Daraus folgt, daß die Feldstärke E auf der
x-Achse nur eine Komponente E_y im y-Richtung hat, die wir im folgenden
abschätzen wollen. Am Leiterrand kann in y-Richtung kein Strom flies-
sen, für E_x rechnen wir im Bereich $0...y...1$ und $0...y...-1$ mit einer
mittleren Feldstärke $\overline{E}_x$. Mit $\int \vec{i} d\vec{A} = 0$ und $\oint \vec{E} d\vec{s} = 0$ [(Gl.(8.6) und (8.7)]
wird, wenn man die in Bild 8.4 mit 1 und 2 bezeichneten Kurven zur
Berechnung des Integrals wählt:

$|x| < L$

$$\frac{\partial \overline{E}_x}{\partial x} \cdot 1 \quad -(E_y + v \cdot B) = 0$$

$$-\frac{\partial E_y}{\partial x} \cdot 1 + \overline{E}_x = 0$$

$|x| > L$

$$\frac{\partial \overline{E}_x}{\partial x} \cdot 1 \quad - E_y = 0 \qquad (8.8)$$

$$-\frac{\partial E_y}{\partial x} \cdot 1 + \overline{E}_x = 0 .$$

Eliminiert man $\overline{E}_x$, so ergibt sich die Differentialgleichung

$$1^2 \frac{\partial^2 E_y}{\partial x^2} - (E_y + v \cdot B) = 0 \qquad\qquad 1^2 \frac{\partial^2 E_y}{\partial x^2} - E_y = 0$$

mit dem allgemeinen Integral

$$v \cdot B + E_y = A_1 (e^{\frac{x}{l}} + e^{-\frac{x}{l}}) \qquad\qquad E_y = A_2\, e^{-\frac{x}{l}}$$

(wegen der Symmetrie)   (wegen $E_y(\infty) = 0$)

Die Konstanten A_1 und A_2 bestimmen sich aus der Bedingung, daß sich die Lösungen für beide Bereiche an den Grenzen der Bereiche x=±L stetig aneinander anschließen. Es ergibt sich

$$|x| < L \qquad\qquad\qquad\qquad\qquad |x| > L$$

$$E_y = \frac{v \cdot B}{2} \cdot e^{-\frac{L}{l}} \left\{ e^{\frac{x}{l}} + e^{-\frac{x}{l}} \right\} - v \cdot B \qquad E_y = \frac{v\,B}{2} \cdot e^{-\frac{x}{l}} \left\{ e^{-\frac{L}{l}} - e^{\frac{L}{l}} \right\}$$

und mit Gl. (8.8)

$$\bar{E}_x = \frac{v \cdot B}{2} \cdot e^{-\frac{L}{l}} \left\{ e^{\frac{x}{l}} - e^{-\frac{x}{l}} \right\} \qquad\qquad \bar{E}_x = \frac{v \cdot B}{2} \cdot e^{-\frac{x}{l}} \left\{ e^{-\frac{L}{l}} - e^{\frac{L}{l}} \right\}.$$

Diese Feldstärken erzeugen zusammen mit der induzierten Feldstärke einen Strom, der im Bereich des Magnetfeldes $|x| < L$ und auch im magnetfreien Teil des Leiters $|x| > L$ fließt. Die Spannung zwischen den Punkten (0/1) und (0/-1) ist

$$\int_{-1}^{+1} E_y\, dy \;.$$

Wenn angenommen wird, daß E_y zwischen -1 und 1 konstant ist wird

$$U = 2 \cdot 1 \cdot v \cdot B \left\{ 1 - e^{-\frac{L}{l}} \right\}. \qquad\qquad\qquad (8.9)$$

Am Leiterrand ist der Strom in y-Richtung gleich Null, d.h. die elektrische Feldstärke E_y ist dort -vB. Berechnet man die Spannung mit dem arithmetischen Mittel $\bar{E}_y = 1/2\, (E_y(0) - vB)$ so erhält man

$$U = 2 \cdot 1 \cdot v \cdot B \left\{ 1 - \frac{1}{2} e^{-\frac{L}{l}} \right\} \;. \qquad\qquad (8.10)$$

In Bild 8.5 ist ein Schnitt durch eine Unipolarmaschine gezeigt.

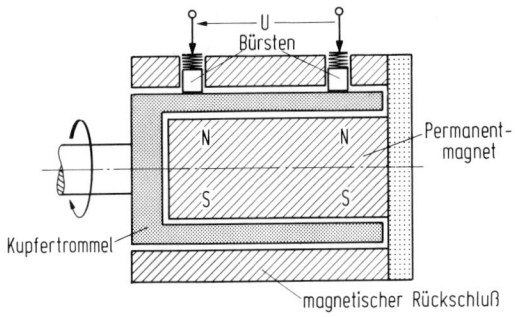

Bild 8.5. Schnitt durch eine Unipolarmaschine

Die Mantelfläche eines Zylinders bewegt sich durch ein Magnetfeld,
die Spannung wird mit Hilfe von Kohlebürsten abgenommen. Die erzeugten
Spannungsn sind klein. Kleine Spannungen mit Bürsten abzunehmen, ist
eine etwas störanfällige Lösung. Ist in der Anordnung l<<L verwirk-
licht, braucht die Maschine zum Antrieb fast keine Leistung. Im anderen Fall fließen Ausgleichsströme (Abschnitt 8.3.2.2), deren Energie
der antreibenden Welle entnommen werden muß.

8.3.2.2 Das Wirbelstromtachometer

Im Wirbelstromtachometer wird keine Spannung abgenommen, sondern eine
von der Geschwindigkeit abhängige Kraft wird als Maß für die Geschwindigkeit benutzt. Der bewegte Leiter reicht dabei weit über das Magnetfeld hinaus. Das Magnetfeld B habe einen kreisrunden Querschnitt vom
Radius R (Bild 8.6).

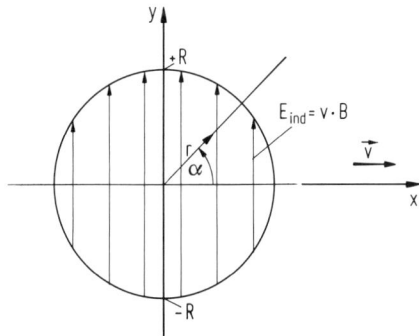

Bild 8.6. Zur Funktion des Wirbelstromtachometers

Wie oben wird in y-Richtung eine Feldstärke $v \cdot B$ induziert, die für $r > R$ Null wird. An dem Kreisumfang $r = R$ entsteht eine Flächendivergenz Div $(\vec{v} \times \vec{B}) = v \cdot B \cdot \sin \alpha$. Div $(\vec{v} \times \vec{B})$ ist im oberen Halbkreis positiv, im unteren negativ. Der Leiter soll im Vergleich zur Polfläche unendlich ausgedehnt sein, im Unendlichen soll kein Strom fließen und das Potential Null sein.

Zur Lösung der partiellen Differentialgleichung (8.6) versuchen wir, das Potential U_a für $r > R$ durch das Feld eines Dipols im Ursprung darzustellen.

Das Potential eines Dipols ist die Differenz zweier Hauptlösungen $q \ln \frac{1}{r}$. Die Singularitäten sollen an den Stellen $(0, \frac{b}{2})$ und $(0, -\frac{b}{2})$ liegen.

$$U = q \ln \frac{1}{r_1} - q \ln \frac{1}{r_2} \tag{8.11}$$

mit $r_1 = \sqrt{(y - \frac{b}{2})^2 + x^2}$ und $r_2 = \sqrt{(y + \frac{b}{2})^2 + x^2}$

mit $b \to 0$, aber konstantem Dipolmoment $\vec{p} = q \vec{b}$ gilt

$$U_a = \vec{p} \cdot \vec{r}_0 \cdot \frac{1}{r} \quad . \tag{8.12}$$

($\vec{r}_0$ Einheitsvektor in Richtung des Radius)

Im Innern des Kreises nehmen wir ein homogenes elektrisches Feld $\vec{E} = (0, E_y)$ an oder, was auf das Gleiche hinausläuft, ein Potential

$$U_i = -E_y \cdot y \quad . \tag{8.13}$$

Der Ansatz für U_a und U_i muß den Bedingungen eines Gradientenfeldes genügen und die Randbedingungen befriedigen. Im ganzen Bereich $r > R$ und $r < R$ ist $\Delta U = 0$ erfüllt. Zusätzlich muß $\oint \vec{E} \cdot d\vec{s} = 0$ sein oder gleichwertig für alle Winkel α

$$U_i(R) - U_i(-R) = U_a(R) - U_a(-R)$$

$$-E_y \cdot R \sin\alpha + E_y R \sin(-\alpha) = p \cdot \frac{1}{R} \sin\alpha - p \cdot \frac{1}{R} \sin(-\alpha)$$

Die Gleichung ist identisch erfüllt für $p = - E_y \cdot R^2$.

Die Randbedingung auf den Kreis ist erfüllt, wenn

$$\text{Div } (\vec{v} \times \vec{B}) = v \cdot B \sin\alpha = - \frac{\partial U_a(R)}{\partial r} + \frac{\partial U_i(R)}{\partial r} \quad .$$

Mit Gl. (8.12) und Gl. (8.13) erhält man für die Feldstärke

$$E_y = - \frac{vB}{2}$$

und für das Potential

$$U_a = \frac{1}{2r} v \cdot B \cdot R^2 \cdot \sin\alpha \; ; \quad U_i = \frac{vB}{2} y \quad . \tag{8.14}$$

Die Randbedingung im Unendlichen wird mit Gl. (8.14) ebenfalls erfüllt. In Bild 8.7 ist das Feld des Stromdichtevektors $\vec{i}$ nach Gl. (8.7) aufgetragen. Die Wirbelstromlinien folgen dem Feld, das sich aus dem Gradientenfeld Gl. (8.14) und dem induzierten Feld $v \cdot B$ zusammensetzt.

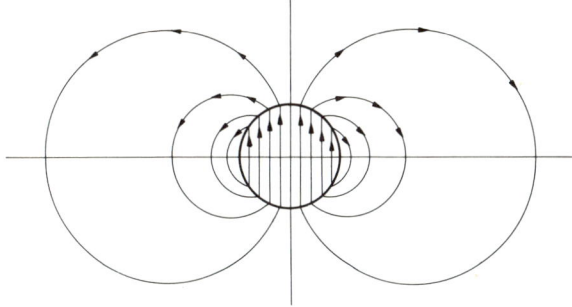

Bild 8.7. Verlauf des Wirbelstroms

Für das Wirbelstromtachometer interessiert die von den Wirbelströmen
umgesetzte Wirkleistung.

Im Gebiet r<R ist die Leistung mit der Dicke h des Leiters

$$P_i = \sigma \int_V \left\{ -\text{grad } U + (\vec{v} \times \vec{B}) \right\}^2 dV = \frac{1}{4}(vB)^2 \pi R^2 \sigma \, h \; .$$

Für das Gebiet r>R ist die Leistung

$$P_a = \sigma \int_V (\text{grad } U)^2 \, dV = \sigma \int_V \left\{ \left(\frac{\partial U}{\partial x}\right)^2 + \left(\frac{\partial U}{\partial y}\right)^2 \right\} dV \; .$$

Durch Differenzieren von U_a nach x und y wird

$$(\text{grad } U)^2 = \frac{(vB)^2 R^4}{4r^4}$$

und damit die Leistung

$$P_a = h\sigma \, 2\pi \int_R^\infty \frac{(vB)^2 R^4}{4 \, r^4} r \, dr = \frac{1}{4}(vB)^2 \, \pi R \, \sigma \, h$$

Beide Leistungen sind gleich groß. Die gesamte Leistung ist
$P = \frac{1}{2}(vB)^2 \pi R^2 \sigma h$. Diese elektrische Leistung entsteht durch die Rela-
tivbewegung Leiter/Magnetfeld. Bezeichnet man die Kraft, die der Lei-
ter der Bewegung im Magnetfeld entgegensetzt, mit F, so ist die mechanische Leistung P = Fv. Sie ist gleich der elektrischen Leistung
$Fv = \frac{1}{2}(vB)^2 \pi R^2 \sigma h$; daraus folgt

$$F = \frac{1}{2}\pi R^2 B^2 \sigma h \cdot v .$$

Mit dem Magnetfluß $\Phi = \pi R^2 B$ gilt

$$F = \frac{1}{2}\sigma \, h \, \frac{\Phi^2}{\pi R^2} \cdot v . \qquad\qquad (8.14)$$

Bei gegebenem Fluß Φ ist eine kleine Polfläche günstig für eine große
Meßkraft. Die Kraft ist nach dieser Rechnung streng proportional der
Geschwindigkeit. In der Praxis gilt dies für mäßige Geschwindigkeiten
und kleine Wirbelströme. Bei großen Strömen findet im Leiter Strom-
verdrängung statt, die Rechnung als ebenes Problem ist nicht mehr
zulässig. Die erzeugte Leistung wird geringer.

Die Kraft auf den Leiter wird mit Meßfedern oder Kraftgebern erfaßt.
Wirbelstromtachometer sind einfach aufgebaut (Bild 8.8) und auch in
ungünstiger Umgebung betriebssicher. Relative Fehler von etwa 1/2 % sind
zu erzielen. Der Temperaturfehler ist von dem Einfluß der Temperatur
auf das Magnetfeld und vom Temperaturkoeffizienten der elektrischen
Leitfähigkeit abhängig.

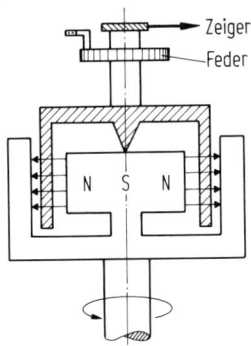

Bild 8.8. Prinzip des Wirbelstromtachometers

8.4 Geschwindigkeitsmessung durch Differenzieren

Entsprechend der Definition der Geschwindigkeit Gl. (8.1) werden bei
diesem Verfahren die elektrischen Signale von Weggebern differenziert
(Bild 8.9).

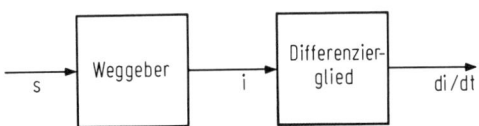

Bild 8.9. Geschwindigkeitsmessung durch Differentiation des Weges

Zur elektrischen Differentiation eignet sich besonders ein RC-Glied
mit Operationsverstärker (Bild 8.10).
Vom Weggeber wird die dem Weg proportionale Spannung U_s geliefert.
Die Ausgangsspannung U_V der Differenzierschaltung ist der Geschwindigkeit porportional. Mit den Bezeichnungen des Bildes 8.10 gilt

$$U_V = -V \cdot U_1 \ . \qquad\qquad (8.15)$$

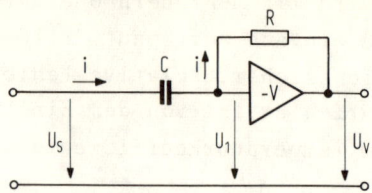

Bild 8.10. Differenzierschaltung mit Operationsverstärker

Der Eingangsstrom des Verstärkers sei klein gegenüber dem im Kondensator C fließenden Strom i, sein Ausgangswiderstand klein im Vergleich
zum Widerstand R. Dann gelten im Bildbereich der Laplace-Transformation
zwischen den einzelnen Größen folgende Beziehungen

$$U_s = \frac{i}{sC} + U_1 \ ,$$

$$U_s = \frac{i}{sC} + iR + U_v \qquad\qquad (8.16)$$

Gl. (8.15) und Gl. (8.16) ergeben

$$U_v = \frac{-VRC}{(1 + V)\left(1 + \dfrac{sRC}{1+V}\right)} \cdot s \cdot U_s \quad .$$

Für $V \to \infty$ erhält man

$$U_v = -RC \cdot s \cdot U_s \qquad\qquad (8.17)$$

d.h. das Eingangssignal U_s wird differenziert.

Bei endlicher Verstärkung läßt sich die Schaltung im Signalflußbild als
Hintereinanderschaltung eines Differenziergliedes und eines Verzöge-
rungsgliedes erster Ordnung mit der Zeitkonstante T = RC/1+V darstellen.

Die Schaltung differenziert demnach das Eingangssignal für Frequenzen
ω << (1+V)/RC. Ein grundsätzlicher Nachteil aller elektrischer Diffe-
renzierschaltungen ist, daß Störsignale, Spannungsschwankungen in der
Versorgung und dgl. mit differenziert werden. Die mit Differentiations-
schaltungen gewonnene Geschwindigkeit ist deshalb meist von großen
Rauschsignalen überlagert.

9. Messung radioaktiver Strahlung

9.1 Physikalische Grundlagen

Nicht nur in der Kernenergietechnik oder in der Biologie und Medizin
gewinnt die Messung radioaktiver Strahlung rasch an Bedeutung, sondern
allgemein werden in der industriellen Meßtechnik immer mehr Größen
über eine Strahlungsmessung erfaßt.

Unter radioaktiver Strahlung versteht man elektrisch geladene oder un-
geladene Elementarteilchen und kurzwellige elektromagnetische Wellen
(Quantenstrahlung), die bei natürlichem oder künstlichem Kernzerfall
entstehen.

Die Strahlung wird durch ihre Wechselwirkung mit der durchstrahlten
Materie nachgewiesen.

Primäre Wechselwirkung wird durch elektrisch geladene Elementarteilchen
verursacht. Dazu gehören α-Teilchen (Heliumkerne $_2He^4$) und β-Teilchen
(schnelle freie Elektronen).

Sekundäre Wechselwirkung wird durch neutrale Elementarteilchen wie
Neutronen oder durch Quantenstrahlung (z.B. γ-Strahlung) verursacht.

Während γ-Strahlung je nach Energie, Photo- oder Comptonelektronen erzeugt, können neutrale Teilchen verschiedene Kernreaktionen auslösen,
die geladene Teilchen hervorbringen. Sie können auch einen Teil ihrer
kinetischen Energie beim Zusammenstoß mit Atomkernen an diese Kerne abgeben, die mit dieser gewonnenen Energie weitere Kerne ionisieren.

Zum Nachweis von radioaktiver Strahlung wird in der Technik bevorzugt
die Wechselwirkung zwischen Strahlung und Gasen benutzt. Die durch die
Strahlung längs ihrer Spur im Gas erzeugten ionisierten Gasmoleküle,
die aus primärer oder sekundärer Wechselwirkung stammen, werden in geeigneten Anordnungen (Ionisationskammer, Zählrohr) aufgesammelt.

Die Anzahl der im Gas erzeugten Ionenpaare ist in erster Näherung nicht
von der Art des geladenen Elementarteilchens, sondern nur von seiner

Energie und der Gasart abhängig. Neben der primären Ionisation, hervor-
gerufen durch die Strahlung, tritt auch immer sekundäre Ionisation auf:
die vom Elementarteilchen erzeugten Gasionen erzeugen ihrerseits durch
Stöße weitere Gasionen.

Betrachtet man den Energieverlust eines Elementarteilchens und setzt
ihn in Beziehung zu den im Gas erzeugten Ionenpaare, erhält man eine
mittlere Ionisierungsenergie E_i pro Ionenpaar. Diese ist z.B. bei Edel-
gasen ungefähr um den Faktor 2 größer als die aus anderen Versuchen bekannte Ionisierungsenergie dieser Gase. Nur ungefähr die Hälfte der
Teilchenenergie wird in Ionisationsarbeit umgesetzt, der restliche Teil
geht als kinetische Energie der Gasmoleküle in Wärmeenergie des
Gases über.

Wie bei der Wärmestrahlung (Kap. 6) ist mit einer radioaktiven Strahlung ein Energietransport verbunden. Mit einer Strahldichte L, die an
jedem Ort und für jede Richtung festgelegt ist, ist das Strahlungsfeld
charakterisiert. Die spektrale Strahldichte ist hier statt in Wellen-
längen- oder Frequenzintervallen in Energieintervallen E...E+dE der
beteiligten Teilchen definiert. Die weiteren aus der Strahldichte L
abgeleiteten Begriffe interessieren hier nicht

Die auf ein kleines Materieelement durch radioaktive Strahlung über-
tragene Energie läßt sich meistens nicht direkt messen. Man muß die
Messung in einem Ersatzmaterial, in den im folgenden beschriebenen Zähler, vornehmen.

Ist dq die Ladung der positiven Ionen, die von dem ionisierenden Teilchen
in der Masse dm = ρdV des Gases erzeugt werden, so ist mit der mittleren Ionisierungsenergie E_i des Gases die Energiedosis D in dem Gas

$$D = \frac{E_i}{e} \frac{dq}{dm} \ .$$

Die Energiedosis ist die von der Strahlung an die Masse dm abgegebene
Energie. Die Einheit der Energiedosis ist 1 J/kg. Daneben interessiert
im stationären Betrieb die Energiedosisrate $\dot{D} = \frac{dD}{dt}$. Die Einheit der
Energiedosisrate ist 1 W/kg.

Von den Meßeinrichtungen unmittelbar gemessen wird die durch das ionisierende Teilchen erzeugte Ladung dq. Als Ionendosis J wird der Quotient
$J = \frac{dq}{dm}$, als Ionendosisrate $\dot{J}$ die zeitliche Ableitung $\dot{J} = \frac{dJ}{dt}$ bezeichnet.
Die Einheit der Ionendosis ist 1C/kg, die der Ionendosisrate 1A/kg.

9.2 Ionisationskammern und Zählrohre

Diese Strahlungsmeßfühler bestehen aus einer gasgefüllten Kammer mit
zwei ebenen oder zylinderförmigen Elektroden (Bild 9.1).

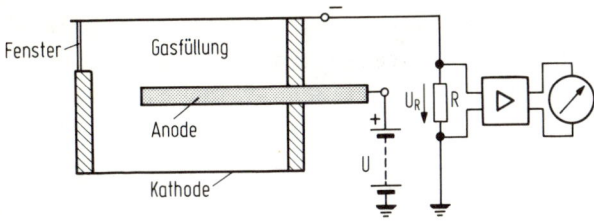

Bild 9.1. Aufbau von Zählrohr und Ionisationskammer, schematisch

Hauptsächlich nach der Höhe der angelegten Spannung wird unterschieden
in Ionisationskammern, Proportional- und Auslösezählrohre.

Ändert man die Betriebsspannung U und beobachtet den Spannungsabfall U_R,
der am Arbeitswiderstand R durch den von einem α-oder β-Teilchen hervorgerufenen Stromimpuls verursacht wird, so stellt man eine Abhängigkeit
der Spannung U_R von der Betriebsspannung U fest (Bild 9.2).

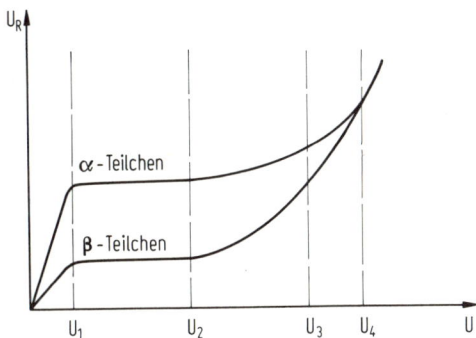

Bild 9.2. Ausgangsspannung eines Zählrohrs in Abhängigkeit von
          der Betriebsspannung

Bei sehr kleiner Betriebsspannung U, d.h. bei einem schwachen elektrischen Feld, rekombiniert ein großer Teil der erzeugten Ionenpaare, bevor
sie an die Elektroden gelangen. Mit wachsender Spannung wird die Re-

kombination geringer, ab einer bestimmten Betriebsspannung U_1 können
alle erzeugten Ionenpaare an die Elektroden gelangen. In diesem Bereich
($U_1 < U < U_2$) bleibt U_R unabhängig von U. Die Kammer wird als Ionisationskammer betrieben.

Steigert man die Betriebsspannung ($U > U_2$), setzt bei zylindrischen Anordnungen die sogenannte Gasverstärkung ein. In der Nähe der innen-
liegenden Anode ist jetzt die elektrische Feldstärke so groß, daß jedes negative Teilchen zwischen zwei Zusammenstößen mit den Gasmoleкü-
len so viel Energie aufnimmt, daß es beim nächsten Stoß weitere Ionen
erzeugt. Die Anzahl der aufgefangenen Ionen ist um 3 bis 6 Zehnerpotenzen höher als die vom Elementarteilchen erzeugten Ionen. Die Spannung U_R
bleibt trotzdem proportional der ursprünglichen Ionenzahl. Die Gasverstärkung für α- und β-Teilchen ist in diesem Bereich gleich. Dieser
Bereich $U_2 < U < U_3$ heißt Proportionalitätsbereich.

In dem Bereich ($U_3 < U < U_4$) ist U_R nicht mehr proportional der ursprünglichen Ionenzahl. Die Gasverstärkung ist für α-Teilchen bedeutend geringer als für β-Teilchen. Dieser Bereich wird Bereich der teilweisen
Proportionalität genannt.

Für $U > U_4$ (sog. Geigerschwelle) ist U_R völlig unabhängig von der Zahl
der primär erzeugten Ionen; deshalb gilt: $U_R(\alpha) = U_R(\beta)$. Dies ist
der Bereich der Auslösezähler oder Geiger-Müller-Zählrohre. In diesem
Bereich genügen wenige Ionen, um an der Anode eine Dauerentladung zu
erzeugen, die nach jedem Impuls gelöscht werden muß, damit das Zählrohr
für den nächsten Impuls zählbereit ist.

9.2.1 Ionisationskammern

Die Ionisationskammern werden je nach Verwendungszweck in zwei Gruppen
geteilt: In Stromkammern, die zeitlich gemittelte Ionisationsströme
messen, die z.B. durch viele gleichmäßig einfallende Teilchen erzeugt
werden, und in Impulskammern, welche die Ionisation durch ein einzelnes
Teilchen messen.

9.2.1.1 Stromkammern

Die Strahlung möge im Volumen dV und in der Zeit dt $n_0 \cdot dt \cdot dV$ Ionenpaare erzeugen. Im aktiven Volumen V der Kammer werden dann $dt \int_V n_0 \cdot dV$
Ionenpaare erzeugt. Werden diese Ionenpaare alle durch das elektrische
Feld der Kammer zu den Elektroden geleitet und handelt es sich um einfach geladene Ionen der Elementarladung e, ist der im stationären Zustand gemessene Ionisationsstrom

$$I = 2e \int_V n_o \, dV \quad . \tag{9.1}$$

Der Ionisationsstrom läßt sich auch aus einer anderen Überlegung bestimmen:

Bei der Ionisation des Gases in der Kammer entstehen positiv geladene
Gasionen der Konzentration n^+ und negativ geladene Teilchen, Elektronen, der Konzentration n^-. Die mittlere Driftgeschwindigkeit der
Teilchen v^+ und v^- unter dem Einfluß des elektrischen Feldes ist proportional der Feldstärke E

$$v^+ = b^+ E \, , \qquad v^- = -b^- E \quad . \tag{9.2}$$

Die Größen b^+ und b^- werden als Beweglichkeiten bezeichnet. Die Beweglichkeit b^- der Elektronen ist um etwa 3 Zehnerpotenzen größer als
die der positiven Ionen b^+. Beide Beweglichkeiten sind umgekehrt proportional dem Gasdruck p.

Diese Abhängigkeit wird mit den Vorstellungen der kinetischen Gastheorie verständlich. Ist τ die Zeit, die zwischen 2 Stößen mit Gasmole-
külen vergeht, v die thermische Geschwindigkeit des Teilchens, so gilt
nach dem Impulssatz für die Driftgeschwindigkeit v^+ bzw. v^-, die durch
das elektrische Feld E während der Zeit τ gewonnen und nach einem Stoß
wieder verloren wird

$$\vec{F} \cdot \tau = e \, \vec{E} \, \tau = \Delta(m\vec{v})$$

$$= m \cdot (\vec{v} + \vec{v}^+) - m \cdot \vec{v}$$

$$= m \cdot \vec{v}^+ \quad .$$

und daraus

$$b^+ = \frac{v^+}{E} = \frac{e \cdot \tau}{m^+} \quad ,$$

$$b^- = \frac{v^-}{E} = -\frac{e \cdot \tau}{m^-} \quad .$$

Die Relaxationszeit τ ist umso kleiner, je höher die Konzentration
der Gasmoleküle und damit der Druck p ist. Die Beweglichkeit ist also
umgekehrt proportional zu p: $b \sim \frac{1}{p}$.

Die Masse der Ionen m^+ ist erheblich größer als die der Elektronen.
Die Elektronenbeweglichkeit liegt damit über der Ionenbeweglichkeit.

Im Volumenelement dV entstehen durch die Ionisation der Strahlung in der Zeit dt $n_0 \cdot dt \cdot dV$ positive und ebenso viel negative Teilchen.

Da im stationären Zustand die Raumladung zeitlich konstant bleibt, müssen diese Teilchen durch das elektrische Feld aus dem betrachteten Volumenelement wegtransportiert werden. Es gilt mit der geschlossenen Oberfläche A des Volumen V

Teilchen bilanz

$$\int_V n_0 \, dV = \int_A n^+ \, \vec{v}^+ \, d\vec{A} = \int_A n^+ \, b^+ \, \vec{E} \, d\vec{A}$$

$$\int_V n_0 \, dV = \int_A n^- \, \vec{v}^- \, d\vec{A} = - \int_A n^- \, b^- \vec{E} d\vec{A}$$

und mit dem Gaußschen Integralsatz

(✳)
$$n_0 = \nabla (n^+ \, b^+ \, \vec{E})$$

$$n_0 = -\nabla (n^- \, b^- \, \vec{E}) \ .$$

Für eine Ionisationskammer als Plattenkondensator (Bild 9.3) gilt ohne die Raumladungen zu berücksichtigen,

$$n_0 = b^+ \, \vec{E} \ \text{grad} \ n^+ \quad \text{und} \quad n_0 = -b^- \, \vec{E} \ \text{grad} \ n^- , \tag{9.3}$$

wobei $E = \dfrac{U}{d}$.

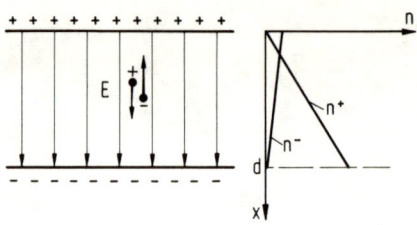

Bild 9.3. Ionenkonzentration in der Ionisationskammer

Mit den Randbedingungen $n^+(0) = 0$, $n^-(d) = 0$ erhalten wir

$$n^+ = \frac{n_0 x}{b^+ E} \ , \qquad n^- = \frac{n_0 (d-x)}{b^- E} \ . \tag{9.4}$$

folgt aus (✳)

Der Ionisationsstrom setzt sich zusammen aus dem Ladungstransport durch die Anode $en^-(0)b^-EA$ und dem durch die Kathode $en^+(d)b^+EA$. Aus Gl. (9.4) ergibt sich in Übereinstimmung mit Gl. (9.1)

$$I = 2\ e\ n_0 \cdot d \cdot A \quad .$$

Der Strom ist unabhängig von der Feldstärke (Bereich $U_1 < U < U_2$ in Bild 9.2) Im Bereich ($U < U_1$) gelangen aufgrund der Rekombination nicht alle erzeugten Ionenpaare n_0 an die Elektroden. Die Zahl der Teilchen, die pro Zeiteinheit rekombinieren, ist proportional der Konzentration n^+ und n^-. Pro Volumen und Zeiteinheit entstehen also effektiv $(n_0 - \alpha n^+ n^-)$ Ionenpaare. α ist der Rekombinationskoeffizient, der u.a. auch von der Feldstärke abhängig ist. Unabhängig davon nimmt stets mit wachsender Feldstärke die Ionendichte n^+ bzw. n^- ab, wie aus (9.4) hervorgeht. Analog zu Gl. (9.3) gilt hier

$$n_0 - \alpha n^+ n^- = b^+ \vec{E}\ \text{grad}\ n^+$$

$$\quad\quad\quad\quad\quad\quad\quad\quad\quad\quad\quad\quad\quad (9.5)$$

$$n_0 - \alpha n^+ n^- = -b^- \vec{E} \cdot \text{grad}\ n^- \quad .$$

Für den Ionisationsstrom unter Berücksichtigung der Rekombination gilt

$$I = 2\ e \int_V (n_0 - \alpha n^+ n^-)\ dV \quad . \quad \left[\text{keine Rekombination für } \alpha = 0 \right]$$

Eine Näherungslösung für den Fall geringer Konzentration und Rekombination erhält man, wenn für n^+ und n^- die Beziehung nach Gl. (9.4) eingesetzt wird,

$$I = 2e\ A\ n_0\ d\ \left[1 - \frac{\alpha n_0\ d^2}{6b^+ b^- E^2} \right] \quad . \quad\quad\quad\quad (9.6)$$

9.2.1.2 Impulskammern

Die Berechnung der Impulsform erfolgt zweckmäßig aus der Energiebilanz der Anordnung. Verschiebt man eine Ladung q im elektrischen Feld der Kammer um den Weg δx in Richtung des elektrischen Feldes, leistet das System eine Arbeit $\delta A = F \delta x = q\ E\ \delta x$. Diese Arbeit wird zum Teil vom Netz $\delta N = U \delta Q$ und zum Teil vom elektrischen Feld durch Feldenergieänderung in der Kammer $\delta W = \delta(\frac{CU^2}{2})$ aufgebracht. Die Energiebilanz liefert

$$\delta A = \delta N - \delta W$$

(9.7)

$$\frac{qE\delta x}{U} = \delta Q - \frac{C}{2} \cdot \frac{\delta U^2}{U} \quad .$$

Der Strom $I = \frac{dQ}{dt}$ der Kammer ergibt sich damit zu

$$I = \frac{E}{U} \cdot q\frac{dx}{dt} + C\frac{dU}{dt}$$

oder mit $\frac{dx}{dt} = v = bE$ zu

$$I = q \cdot b \cdot \left(\frac{E(x)}{U}\right)^2 \cdot U + C\frac{dU}{dt} = GU + C\frac{dU}{dt} \quad .$$

(9.8)

Die Summe über die Strombeiträge der Einzelladungen q_i ergibt den
Gesamtstrom. Bleiben Raumladungen unberücksichtigt, ist der Ausdruck
$\left(\frac{E(x)}{U}\right)^2$ allein vom Ort und damit lediglich von der Geometrie der Kammer
abhängig. Aus Gl. (9.8) leitet sich formal ein Ersatzschaltbild der
Kammer her (Bild 9.4). Parallel zur Kapazität der Kammer liegt ein
veränderlicher Widerstand mit dem Leitwert $\sum q_i \cdot b_i (\frac{E(x_i)}{U})^2$. Der endliche Leitwert wird durch das ionisierende Teilchen erzeugt, er wird
Null, wenn alle geladenen Teilchen auf den Elektroden der Kammer an-
gekommen sind.

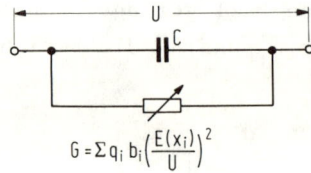

Bild 9.4. Ein Ersatzschaltbild für Ionisationskammer

Unter der Elektronensammelzeit t^- versteht man die Zeit, die ein Elektron braucht, um von der Kathode zur Anode zu gelangen. Die Ionensammelzeit t^+ ist sinngemäß definiert:

$$t^- = \int_d^0 \frac{dx}{v^-(x)} = \frac{1}{b^-}\int_d^0 \frac{dx}{E(x)} \quad ;$$

(9.9)

$$t^{+} = \int_{0}^{d} \frac{dx}{v^{+}(x)} = \frac{1}{b^{+}} \int_{0}^{d} \frac{-dx}{E(x)} \quad . \tag{9.9}$$

Für die ebene Ionisationskammer (Plattenkondensator) ist $\frac{E(x)}{U} = \frac{1}{d}$.
Zwei Ionisationsspuren, die eine parallel zu den Elektroden (1), die
andere von Elektrode zu Elektrode reichend (2), seien im folgenden betrachtet.

Zwei Betriebsfälle werden unterschieden:

a) die Kammer liegt an einer konstanten Spannung U (nach Gl. (9.8)
$I = U \cdot G$). Die Strommessung geschieht ohne Spannungsabfall.

b) die Kammerspannung wird stromlos gemessen (nach Gl.(9.8) $U \cdot G + C\frac{dU}{dt} = 0$).
Bild 9.5 zeigt die Kurven für Ionen und Elektronen. Die Impulsform hängt
von der Richtung der Spur ab.

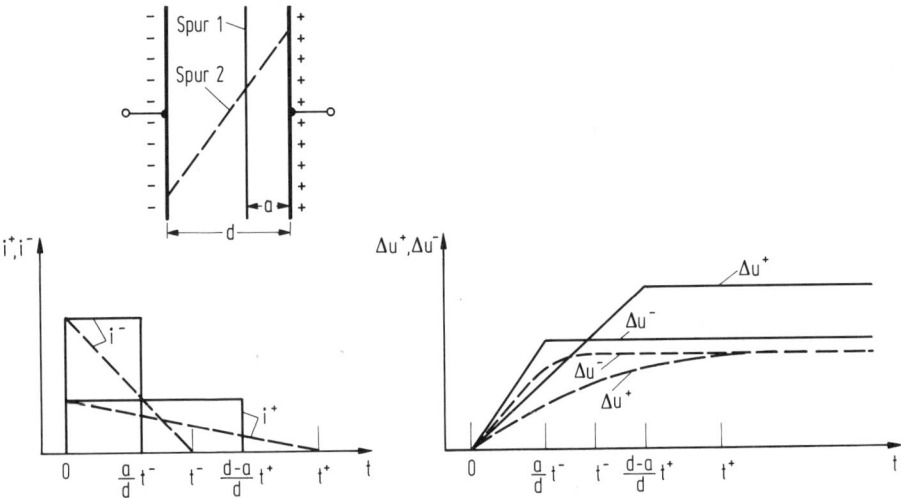

Bild 9.5. Beitrag der Ionen zur Impulsform bei Strom- und Spannungsmessung und verschiedenen Ionisationsspuren

Die Sammelzeit für Elektronen liegt bei etwa 10^{-6} s, die für Ionen bei
10^{-3} s. Zum Nachweis von Teilchen wird meist nur der schnelle Elektro-
nenanstieg benutzt. Bei einer wirksamen Kapazität von 10 pF gewinnt man
für 1 MeV abgegebene Teilchenenergie einen Spannungsimpuls von etwa
0,5 mV. Ein rauscharmer Verstärker ist unbedingt erforderlich.

9.2.2 Proportional-Zählrohr

Ein Proportional-Zählrohr hat meist die Form eines kreisrunden Rohres.
Der Kreiszylinder bildet die Kathode, längs der Zylinderachse ist die
Anode als dünner Draht gespannt.

Im starken elektrischen Feld um die Anorde werden die Elektronen so
hoch beschleunigt, daß sie beim nächsten Stoß mit einem Gasmolekül
dieses zu ionisieren vermögen. Ist n die Elektronenzahl, dann werden
auf der Strecke dr dn = nβdr neue Ionenpaare gebildet. Der Townsend-
Koeffizient β ist von der Feldstärke abhängig.

Die Zahl der von einem Elektron auf dem Weg von der Kathode zur Anode
erzeugten Ionenpaare ist

$$R = e^{\int_{r_a}^{r_i} \beta dr} \quad . \tag{9.10}$$

Für den Wert des Integrals ist es unerheblich, ob von r_a oder einem
kleineren Radius $r < r_a$, integriert wird. Nach den Voraussetzungen
wird β erst in unmittelbarer Umgebung der Anode merklich groß($r_x - r_i \leq \varepsilon$).
$R = e^{\int \beta dr}$ wird als Verstärkungsfaktor bezeichnet. Verstärkungen von
10^3 bis 10^4 werden erreicht.

Die Impulsform wird durch die Verstärkung bestimmt. Die Verstärkung
geschieht im Raum um die Anode. Die Elektronen legen zur Anode einen
sehr kurzen Weg zurück und tragen deshalb zum Strom wenig bei, während
die Ionen den gesamten Weg von der Anode bis zur Kathode zurücklegen
müssen. Mit der Beziehung für die Feldstärke im Zylinderkondensator

$$E = \frac{U}{\ln(\frac{r_a}{r_i})} \frac{1}{r} \quad (r_a \text{ Außen-}, r_i \text{ Innenradius})$$

ergibt sich für den Weg der positiven Ionen beginnend bei der Anode r_i

$$\frac{dr}{dt} = b^+ E$$

$$r^2 = \frac{2 b^+ U}{\ln(\frac{r_a}{r_i})} \cdot t + r_i^2 \quad .$$

Zur Berechnung des Spannungsimpulses setzen wir in Gl. (9.7) dQ = 0.
Als Ursache des Impulses seien n Elektronen punktförmig im Zählrohr
angenommen. Erreichen diese die kleine Zone der Stoßionisation $r_x - r_i < \varepsilon$
entstehen daraus R·n Ionenpaare. Mit Gl. (9.7) wird

$$\frac{ERne}{U} \cdot \frac{dr}{dt} + C \frac{dU}{dt} = 0$$

$$\frac{\overset{2}{E}\cdot R\cdot n\cdot e}{U}\,b^+ + C\,\frac{dU}{dt} = 0$$

$$\frac{U\cdot R\cdot n\cdot e\cdot b^+}{\left(\ln\frac{r_a}{r_i}\right)^2\left(\dfrac{2b^+U}{\ln\frac{r_a}{r_i}}\cdot t + r_i^{\,2}\right)} + C\,\frac{dU}{dt} = 0 \quad.$$

Unter der Annahme, daß $U = \overline{U} + u(t)$ und $u(t) << \overline{U}$, folgt

$$u(t) = -\frac{R\cdot n\cdot e}{2\,C\cdot \ln\frac{r_a}{r_i}}\cdot \ln\left(\frac{\dfrac{2b^+\overline{U}}{\ln(r_a/r_i)}\cdot t + r_i^{\,2}}{r_i^{\,2}}\right)\quad. \tag{9.11}$$

Die Spannung ändert sich im ersten Augenblick rasch, die Ionen durchlaufen das starke Feld in der Nähe der Anode. Später wird der Impuls sehr flach.

Bei dieser Rechnung wurde punktförmige Ladung $R\cdot n\cdot e$ angenommen. Diese Annahme trifft für die Ionisationsspuren zu, die parallel zur Zylinderachse verlaufen.

Andere Einfallsrichtungen ergeben andere Impulsformen.

9.2.3 Geiger-Müller-Zählrohr

Solange ein Zählrohr im Proportionalbereich betrieben wird, bleiben die Entladungsvorgänge auf den Raum um die Ionisationsspur beschränkt. Wird das Rohr bei höherer Spannung betrieben ($U>U_4$), (Bild 9.4) nimmt der ganze Gasraum des Rohres an der Entladung teil. Durch die starken Felder im Anodenraum werden die Elektronen so hoch beschleunigt, daß sie beim Aufprall auf die Anode Photonen freimachen, die wieder zu ionisieren vermögen. Längs der Anode breitet sich eine schlauchförmige Glimmentladung aus. Die Ionenbewegung von der Anode zur Kathode erfüllt den ganzen Raum des Zählrohres. Diese Entladung ist unabhängig von der Art und Zahl der auslösenden Teilchen. Eine solche andauernde oder auch intermittierende Entladung ist zum Zählen einzelner Teilchen ungeeignet. Die Entladung muß gelöscht werden. Bei den nicht selbstlöschenden Zählrohren geschieht das Löschen durch einen hohen Arbeitswiderstand, der bei hohem Ionisationsstrom die Arbeitsspannung unter den kritischen Wert bringt.

Bei den heute meist verwendeten selbstlöschenden Rohren geschieht das
Löschen durch Zusätze von organischen Dämpfen zur Gasfüllung.

Den Vorgang der selbsttätigen Löschung hat man sich hier wie folgt
vorzustellen: Die Zündung spielt sich wie beim gasgefüllten Rohr ab,
der geringe Dampfzusatz ändert nichts an den Vorgängen. Während aber
beim gasgefüllten Rohr die an der Anode ausgelösten Photonen zur Kathode gelangen und dort Photoelektronen auslösen, die wieder vervielfacht
werden und eine Zündung verursachen, absorbiert der Dampfzusatz beim
selbstlöschenden Zählrohr die Photonen bereits in unmittelbarer Umgebung der Anode. Die entstehenden Raumladungen setzen die Ionisations-
rate so weit herab, daß keine neuen Lawinen gebildet werden können.

Zählrohre im Auslösebereich sprechen bereits auf einige wenige Ionenpaare an. Mit Sicherheit kann jedes Elektron, das sich im Zählrohr
mit eigener Energie bewegt, nachgewiesen werden.

9.3 Kristallzähler

Silizium-Halbleiter-Detektoren haben sich ihrer guten Zähleigenschaften
wegen gegenüber anderen Kristallzählern durchsetzen können. Ihre Arbeits-
weise ist der von Ionisationskammern im Impulsbetrieb sehr ähnlich.

Im einfachsten Fall enthält der Detektor einen p-n-Übergang, an dem
eine Sperrspannung U liegt. Die Elektronen werden dabei aus der Über-
gangszone in den n-Leiter hineingezogen, die Löcher in den p-Leiter.
Die trägerverarmte Zone bezeichnet man als "Feld- oder Raumladungszone".

Das p leitende Material sei hoch dotiert, Donatoren und Akzeptoren
seien in der Feldzone voll dissoziiert.

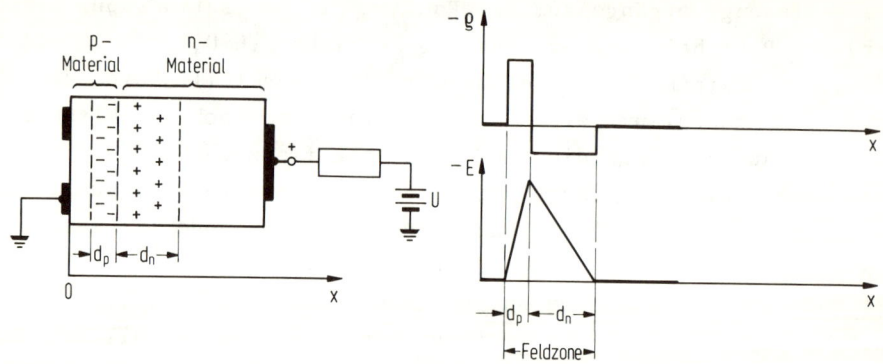

Bild 9.6. Silizium-Halbleiterdetektor

In der Feldzone gilt die Poisson-Gleichung div $\varepsilon\,\varepsilon_0\,E = e \cdot \rho$ mit der Raum-
ladungsdichte ρ. E ist stetig und verläuft entsprechend Bild 9.6. Die
Spannung U errechnet sich aus $U = -\frac{\delta E}{\delta x}$ mit der Dicke $d_{n,p}$ der vollständig dissoziierten Donatoren- bzw. Akzeptorenschicht zu

$$U = \left(\frac{d_p^2 \cdot n_p}{2} + \frac{d_n^2 \cdot n_n}{2} \right) \cdot \frac{e}{\varepsilon \cdot \varepsilon_0} \quad .$$

Nach Voraussetzung ist $n_p \gg n_n$ und deshalb $d_p \ll d_n$. Mit $d = d_p + d_n \approx d_n$
als Dicke der Feldzone gilt

$$d = \sqrt{2\varepsilon \cdot \varepsilon_0 \, \frac{U}{n_n \cdot e}} = \sqrt{2\varepsilon \cdot \varepsilon_0 \cdot U \, \frac{b_n}{\sigma}} \quad . \qquad (9.12)$$

Dabei wurde für die Elektronendichte n_n im n-Leiter von der Beziehung
zwischen der spezifischen Leitfähigkeit σ und der Beweglichkeit b_n
Gebrauch gemacht, $\sigma = e \cdot n_n \cdot b_n$.
Die Kapazität der Raumladungszone wird mit $C = \frac{\varepsilon \cdot \varepsilon_0 \cdot A}{d}$

$$C = \frac{\sqrt{\varepsilon \cdot \varepsilon_0} \cdot A}{\sqrt{2 \, \frac{U b_n}{\sigma}}} \quad .$$

Für die Kapazität des Detektors aus n-Silizium gilt

$$\left(\frac{C}{pF} \right) = 1,94 \cdot 10^4 \left(\frac{A}{cm^2} \right) \cdot \left(\frac{\sigma}{\Omega^{-1}\,cm^{-1}} \right)^{1/2} \cdot \left(\frac{U}{V} \right)^{-1/2} \quad .$$

Die Kapazität ist im Vergleich zu gasgefüllten Zählrohren sehr klein.
Ein in die Feldzone eindringendes geladenes Teilchen wird dort ab-
sorbiert. Dabei werden Elektronen-Loch-Paare gebildet. Die Energie E_i
zur Bildung eines Paares ist weitgehend unabhängig von der Art des
Teilchens und der Teilchenenergie. Die Energie des Teilchens beim Ein-
fall sei E. Dann werden, wenn die Energie überwiegend zur Elektron-
Loch-Paarerzeugung verwendet wird, vom Teilchen $N = E/E_i$ Elektronen-Loch-
Paare erzeugt.

Die Analogie zur Ionisationskammer ist damit klar: der Feldzone entspricht
der Gasraum, die Strahlung erzeugt in beiden Fällen Ladungsträgerpaare.
Zur Diskussion der Impulsform sei auf die Ausführungen bei der Impuls-
ionisationskammer verwiesen.

Die Vorteile der Halbleiterzähler sind:

Die Absorption von Röntgenstrahlung ist 2 bis 3 Zehnerpotenzen höher als in Zählrohren mit Gasfüllung. Röntgenstrahlen lösen in Festkörpern Photoelektronen aus, die dann die Ladungsträger erzeugen. Wegen der hohen Absorption sind bei gleichem Ionisationsstrom kleine Abmessungen möglich. Die kleinen Wege und die hohe Beweglichkeit der Ladungsträger in Halbleitern ergibt kurze Impulsanstiegszeiten und damit eine bessere zeitliche Auflösung als in gasgefüllten Ionisationskammern.

Literaturverzeichnis

1   Beckwith, T.G.; Buck, N.L.: Mechanical Measurements. Reading, Mass.: Addison-Wesley 1961.

2   Fünfer, E.; Neuert, H.: Zählrohre und Szintillationszähler. Karlsruhe: G. Braun 1959.

3   Grave, H.F.: Elektrische Messung nichtelektrischer Größen. Leipzig: Akad. Verlagsgesellschaft Geest und Portig 1962.

4   Hartmann & Braun: Elektrische und Wärmetechnische Messungen. 11. Aufl., 1963.

5   Hengstenberg, J.; Sturm, B.; Winkler, O.: Messen und Regeln in der Chemischen Technik. 2. Aufl. Berlin, Göttingen, Heidelberg: Springer 1964.

6   Hix, C.F.; Alley, R.P.: Physical Laws and Effects. New York: John Wiley, London: Chapman and Hall 1958.

7   Minnar, E.J.; Recchione, P.A.: ISA Transducer Compendium. New York: Plenum 1966.

8   Kautsch, R.: Meßelektronik nichtelektrischer Größen. Bad Wöris-hofen: Hans Holzmann

9   Kohlrausch, F.: Praktische Physik. Stuttgart: Teubner 1968.

10 Lindorf, H.: Technische Temperaturmessungen. 4. Aufl., Essen: Girardet 1970.

11 Merz, L.: Grundkurs der Meßtechnik, Teil II: Das elektrische Messen nichtelektrischer Größen. München, Wien: Oldenbourg 1968.

12 Orlicek, A.F.; Reuther, F.L.: Zur Technik der Mengen- und Durch-flußmessung von Flüssigkeiten. München, Wien: Oldenbourg 1971.

13 Pflier, P.M.: Elektrische Messung mechanischer Größen. Berlin: Springer 1956.

14   Rohrbach, C.: Handbuch für elektrisches Messen mechanischer Grös-
     sen, Düsseldorf: VDI-Verlag 1967.

15   Siemens: Messen in der Prozeßtechnik. Siemens Aktiengesellschaft,
     Berlin und München 1972.

16   Taschenbuch für die elektrische Meßtechnik, herausgegeben von der
     Firma Philips. Francis-Verlag München 1960.

Sachverzeichnis

Abbildung, optische 157
absolute Temperatur 114
Absorptionsgrad 149
Anode 191
Anzeiger 6
Arbeitsvermögen 43
Ardocol 163
Ardonox 162
Asynchronmaschine 16
α-Teilchen 185
Auftrieb 58
Auslösezählrohr 187, 195

ballistisches Galvanometer 169
Bandstrahlungspyrometer 160
Bandstrahlungstemperatur 160
Bartonzelle 73
Belastungsdehnung 40
Bernoullische Gleichung 83, 92
Berührungsthermometer 115, 116
Beschleunigungsmesser 51
Bett 68
Beweglichkeit 129, 189
Biegefeder 38
Blende 92
Bolometer 161
Bourdonfeder 64
Brücken, Brückenschaltung 14,
    28, 30, 136
Brücke, selbstabgleichend 138
β-Teilchen 185

Dehndraht 28
Dehnmeßstreifen 28
Dehnung 29, 37, 39
Dielektrikum, verschiebbar 25
Dipolmoment 49
Differentialquerankergeber 14
Differentialtransformator 18
Differenzdruckmeßzelle(n) 67
    Barton- 73
    Fisher & Porter 74
    Foxboro- 73

Distanzverhältnis 159
Drehkondensator 24
Drehmelder 16
Drehmomentmesser 44
Drehzahlmessung 172
Dreileiterschaltung 137
Driftgeschwindigkeit 129
Drosselgeräte 92
Druckentnahme 94
Druckmessung 53
Druckverlust 95, 105
Düse 95
Durchflußmessung 80
Durchsatz 91

effektive Fläche 61
effektive Masse 30, 129
Einbaumaßnahmen, Kraftmesser 45
Einheitssignal 7
Elastizitätsmodul 32, 39
Elektrodenabstand 22
Elektronensammelzeit 192
Elementarladung 30, 129
Elementarteilchen 185
Elementarzelle 48
Emissionsgrad 150, 159
Emissionsstrahldichte 149
Energiedosis 186
Energiedosisrate 186
Entlastungsdehnung 40
Erdbeschleunigung 36
Eulersche Differentialgleichung 82
Expansionszahl 96

Feder 37
Federkonstante 42
Fernmessung 6
Fixpunkt 113
Fließgrenze 39
Flügelrad 106
Fluid 81
Flüssigkeitsstandmessung 75
Freidrahtgeber 30
Frequenzmessung 173
Fühler 6

Gage-Faktor, K-Faktor 29
Galvanometer 169
Gang 165
Gasthermometer 114
Geber 6
Gefäßmanometer 55
Geiger-Müller-Zählrohr 195
Gewichtsdurchfluß 91
Gesamtstrahlungspyrometer 159
Gesamtstrahlungstemperatur 160, 162
Geschwindigkeitsmessung 172
Geschwindigkeitsmessung durch
    Differenzieren 183
Gleichstrommotor 169, 171
Gleitmodul 33
γ-Teilchen 185

Hagen-Poiseulle 87
Halbleiterdetektor 107
Halbleiterwiderstandsthermometer
    135
Hauptebene
Hebelübersetzung 37
Hilfsenergie 2
Hohlraumstrahler 160
Hohlraumstrahlung 150
Hohlspiegeloptik 162
Hookesches Gesetz 39
Hydraulische Übersetzung 37
Hydrostatik 53
hydrostatische Höhenstandsmessung
    76
Hysteresisschleife 41

ideales Fluid 81
Induktive Geber 12
Induktive Durchflußmessung 99
Impulskammer 191
Ion 185
Ionendosis 186
Ionendosisrate 186
Ionensammelzeit 192
Ionisationskammer 185, 187
Ionisationsstrom 189
Ionisierung 185

Kapazität 22, 24, 26
Kapazitive Geber 22
Kapazitive Höhenstandsmessung 77
Kathode 191
Kirchhoffsches Gesetz 149
Kinematische Zähigkeit 86
Kennwerte für Zeitverhalten 125
K-Faktor 29
Kleben von DMS 31
Kolben 37, 56
Kolbenmanometer 56, 66

Kopplungskoeffizient 47
Kompensationsdose 143
Kontaktthermometer 115
Kontraktionszahl 93
Konvektion 115
Krafteinleitung 38
Kraftmeßdose 44
Kraftmessung 36
Kriechen 40
Kriechgalvanometer 170
Kristallzähler 196

Länge 7
Ladungsträgerdichte 30, 129
Lagerreibung 107
Lambertstrahler 147
Longitudinaleffekt, piezoelektr. 50

Mantelthermoelement 145
Maxwellsche Gleichung 99
Membranzelle 59
Meßfehler, stationär und dynamisch
    121
Meßkanal 5
Meßkammer 111
Meßkette 5
Meßschaltung 6
Meßumformer 6
Meßwertverarbeitung 4
Metallmembran 63
Metallwiderstandsthermometer 135
Meter 7

Navier-Stokes-Gleichung 86
Newton 36
Niveaumessung 75

Objektiv 157
Öffnungsverhältnis 93
Ovalradzähler 110

Parallelendmaß 7
Pendelschwingung 167
Phononen 128
Photonen 151
Piezoelektrische Geber 47
Plancksches Gesetz 151
plastische Dehnung 39
Poisson-Konstante 29
Polarisation 47, 167
Potentiometer 9
Profilbeiwert
Proportionalzählrohr 187, 193
Prozeß
Prozeßführung
Prozeßmeßtechnik 2

Quant 151
Quantendetektor 162

Quantenstrahlung 185
Quarz 48
Quarzuhr 167
Quecksilbersäule 55

radioaktive Strahlung 185
Radizierung 97
Reflexionsgrad 149
Rekombination 191
Relaxationszeit 30, 128, 189
Restdehnung 39
Reynolds 88
Reynolds Zahl 90, 94
Richtkraft 63
Röhrenfedermanometer 64
Rohrrauhigkeit 94

Schallquanten 128
Schleifer 10
Schubspannung 33
Schutzrohr 137, 145
Schwarzer Körper 150, 160
Schwarze Temperatur 160
Schwimmer 75
Seebeck Koeffizient 133
Selbstinduktivität 13, 17, 20
Sekunde 165
Spalt 111
Spektralpyrometer 166
Strahldichte 147
Strahlungslfuß 147
Strahlstärke 147
Strahlungsthermometer 146, 157
Strichmaß 7
Strömungsfeld 80
Strömung laminar 85
Strömung pulsierend 97, 105, 110
Strömung turbulent 88, 90, 91
Stromkammer 188
Stromleitung 128
Stromlinie 80
Synchronuhr 168

Tachodynamo 174
Tauchglockenmeßzelle 57
Temperaturgradient 116
Temperaturkoeffizient 40, 134
Temperaturmessung 113
Temperaturleitfähigkeit 119
Temperaturstrahlung 115
Thermoelement 130, 139
thermoelektrische Spannungsreihe
    140
thermodynamische Temperaturskala
    114

Thermosäule 161
Transformatorgeber 15
Transmissionsgrad 149
Transversaleffekt, piezoelektrisch
    50
Trennschichtmessung 76
Turbinenmesser 105

Überlastschutz 68
Umformer, Umformung 5
Unipolarmaschine 176
Unruhe 167
U-Rohrmanometer 54

Ventil 68
Venturirohr 95
Verdrängungskörper 75
Verdrängungszähler 110
Vergleichstelle 143
Vergleichstellentemperatur 143
Vergleichsvorgang, elektrisch 169
Verhältnispyrometer 159
Verhältnistemperatur 161, 163
Verstärker 6
Viskosität 85
Volumenmesser 110
Volumenstrom 91

Wärmeleitfähigkeit 116
Wärmeleitung 115
Wärmestrahlung 115, 116, 151
Wahrscheinlichkeit 152
wahre Temperatur 160
Warte 3
Wegmessung 8
Wheatstonesche Brücke 137
Widerstand, elektrisch 130
Widerstandsgeber 9
Widerstandsthermometer 129, 134
Wiensches Gesetz 156
Wiensches Verschiebungsgesetz 156
Winkelmessung 8
Wirbelstromtachometer 179
Wirkungsablauf 5
Woltmanzähler 106, 109

Zähigkeit 85
Zählrohr 187
Zeit 165
Zeitdehnung 40